工程力学(Ⅰ)

静力学

侯密山　胡玉林　编

中国石油大学出版社

图书在版编目(CIP)数据

工程力学.1,静力学/侯密山,胡玉林编.—东营:中国石油大学出版社,2004.4(2014.6 重印)
ISBN 978-7-5636-1935-1

Ⅰ.工…　Ⅱ.①侯…②胡…　Ⅲ.①工程力学—高等学校—教材 ②工程力学:静力学—高等学校—教材
Ⅳ.TB12

中国版本图书馆 CIP 数据核字(2006)第 101839 号

书　　名:工程力学(Ⅰ)
作　　者:侯密山　胡玉林

责任编辑:周洁韶

出 版 者:中国石油大学出版社(山东 东营,邮编 257061)
网　　址:http://www.uppbook.com.cn
电子信箱:shiyoujiaoyu@126.com
排 版 者:中国石油大学出版社排版中心
印 刷 者:青岛星球印刷有限公司
发 行 者:中国石油大学出版社(电话 0532—86981532,86983437)
开　　本:170 mm×225 mm　印张:8.5　字数:147 千字
版　　次:2014 年 6 月第 1 版第 4 次印刷
定　　价:16.00 元

内容简介

本书是一本介绍工程力学基本内容的的教材，分为工程力学(Ⅰ)、(Ⅱ)和(Ⅲ)三册。

工程力学(Ⅰ)主要介绍静力学的基本内容，包括力系的简化和平衡条件、刚体和刚体系统的受力分析与平衡条件应用等。工程力学(Ⅱ)主要介绍材料力学的基本内容，包括拉伸与压缩、剪切、扭转、弯曲、应力状态与强度理论、组合变形、压杆稳定和交变应力等。工程力学(Ⅲ)主要介绍运动学和动力学的基本内容，运动学包括点的基本运动和点的复合运动，刚体的平动、定轴转动和刚体的平面运动；动力学包括动力学基本概念与质点动力学、动力学普遍定理和动静法。

本教材是按照96学时的教学要求编写的，适用于理工科大专院校石油工程、地质、油气储运、冶金、材料、热加工等专业以及成人教育的相关专业，也可供有关工程技术人员参考。

本教材的(Ⅰ)、(Ⅱ)、(Ⅲ)册自成系统，除作为96学时左右的工程力学三册合用外，也可以灵活组合选用。

前言

Foreword

工程力学作为机械、土木、采矿、航空航海、石油工程等领域的基础学科，在设计、制造与生产、技术创新、增产措施等方面具有重要的作用，是理工科大专院校相关专业的一门重要专业基础课程。多年来，石油大学的石油工程专业一直开设以理论力学和材料力学为主的《工程力学》课程。与此同时，随着培养计划的调整，诸如油气储运、热能工程等专业已将原来的理论力学和材料力学课程改为《工程力学》，以及安全工程、工业设计、建筑环境等新增专业也设置了《工程力学》课程。本教材就是为了适应这一需要，按照96学时的教学要求编写的。

随着科学技术的进步和高等教育的发展，作为基础学科，工程力学的体系和内容也必须相应调整，以使消除重复、加强工程概念、适当突出行业特点等，这是编写本教材的另一目的。

全书分工程力学(Ⅰ)、(Ⅱ)、(Ⅲ)三册共二十五章。工程力学(Ⅰ)从第一章至第五章主要介绍静力学的基本内容，包括简单力系、平面一般力系、摩擦和空间任意力系；工程力学(Ⅱ)从第六章至第十六章主要介绍材料力学的基本内容，包括拉伸与压缩、剪切、扭转、弯曲、应力状态与强度理论、组合变形、压杆稳定和交变应力等。工程力学(Ⅲ)从第十七章至第二十五章主要介绍运动学和动力学的基本内容，运动学包括点的基本运动和点的复合运动，刚体的平动、定轴转动和刚体的平面运动；动力学包括动力学基本概念与质点动力学、动力学普遍定理和动静法。每章后面备有小结和习题，以便复习与练习；加注了专业术语的英文对照；书后附有全部习题答案。

本教材(共三册)为以理论力学和材料力学为主的工程力学教材(96学时)，适用于理工科大专院校石油工程、地质、油气储运、冶金、材料、热加工等专业以及成人教育的相关专业，也可供有关工程技术人员参考。另外，本教材的(Ⅰ)、(Ⅱ)两册可作为以静力学与材料力学为主的工程力学教材(80学时)；也可以单独或灵活组合使用。

本书的静力学和动力学部分由侯密山教授编写，材料力学和运动学部分由胡玉林教授编写。全书由侯密山负责统稿和定稿。在本书的编写过程中，得到了石油大学工程力学系同仁的帮助和支持，并提出了宝贵的意见，王魁喜副教授、尹莉副教授分别对材料力学与静力学部分进行了审阅，在此表示感谢。

本书的编写参考了部分同类教材，有雷同之处请谅。

限于编者水平，疏漏与错误在所难免，殷切希望读者批评指正。

编　者

2004 年 3 月 17 日

目 录

Contents

第一篇 静力学

第一篇 静 力 学

引 言

物体在空间的位置随时间的改变,称为机械运动。静力学是研究物体机械运动的特殊情况——物体的平衡问题的科学。所谓物体的平衡,是指物体相对惯性参考系保持静止或做匀速直线运动。通常,把固结于地球上的参考系作为惯性参考系,所得结果可以满足大多数工程问题的精度要求。

若物体处于平衡状态,则作用于物体上的力系必须满足一定的条件,这些条件称为平衡条件。满足平衡条件的力系称为平衡力系。在力或力系作用下,物体不但有运动状态的改变(机械运动),同时也会发生形状和尺寸的变化(变形),但物体的变形对其机械运动的影响非常小,可以忽略不计。因此,在静力学中,将受力物体理想化为在任何情况下都不发生变形的物体——刚体。前述所谓的静力学实际是刚体静力学的简称。

静力学研究以下两个基本问题:

1. 力系的简化。力系的简化是建立力系平衡条件的基础。

2. 力系的平衡条件(或物体在力系作用下的平衡条件)。研究与建立各种力系的平衡条件,并应用这些条件去解决实际问题。

静力学是工程力学的基础,在工程技术领域有着广泛的应用。

第一章 静力学基本概念与物体的受力分析

本章介绍静力学的基本概念、静力学公理和物体的受力分析,它们是静力学理论的基础与静力计算的重要环节。

§1-1 静力学的基本概念

一、力的概念

力(force)是物体间的相互机械作用。力对物体的作用有两种效应,即运动效应(effect of motion)和变形效应(effect of deformation)。运动效应使物体的运动状态发生变化(包括平衡);变形效应使物体的尺寸和形状发生变化(包括破坏)。力对物体的作用效应取决于力的作用点、力的方向和力的大小,即力的三要素(three elements of a force),因此力是矢量,力的相加服从矢量加法原则。

如图 1-1 所示,力向量用斜黑体字母 $\boldsymbol{F}$ 表示,线段 AB 的长度(按一定比例)表示力的大小;用线段的方位和箭头表示力的方向;线段的起点或终点表示力的作用点。通过力的作用点沿力的方向的直线为力的作用线。在实际工程中,力总是作用在受力物体的一定区域上,若力的作用面积很小,作用位置可抽象为一点——作用点,这种力称为集中力或力,如图 1-1 中的点 A 和力 $\boldsymbol{F}$。在国际单位制中,力的单位为牛顿或千牛顿,分别表示为'N'和'kN'。

若考虑力的作用区域的大小,其单位面积或单位长度上的受力称为分布力,分布力的大小称为载荷集度,通常用 q 表示,如风力、水压力等。分布力的单位为'N/m^2 和 kN/m^2'或'N/m 和 kN/m'。如图 1-2 所示三角形截面坝体,右侧承受 $q=\rho gy$ 的液体分布压力作用。

作用在物体上的一群力称为一个力系(system of forces)。只有一个力的力系是最简单的力系。力系按作用线在空间分布的不同形式,可分为:

(1) 汇交力系 各力作用线汇交于一点;

(2) 平行力系 各力作用线相互平行;

(3) 一般力系 各力作用线既不相交于同一点,也不相互平行。

按照各力作用线是否位于同一平面内,上述三种力系又可再分为平面和空

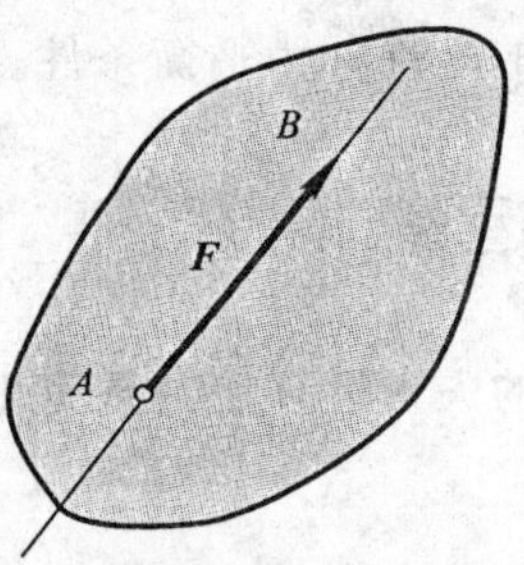

图 1-1　力的示意图

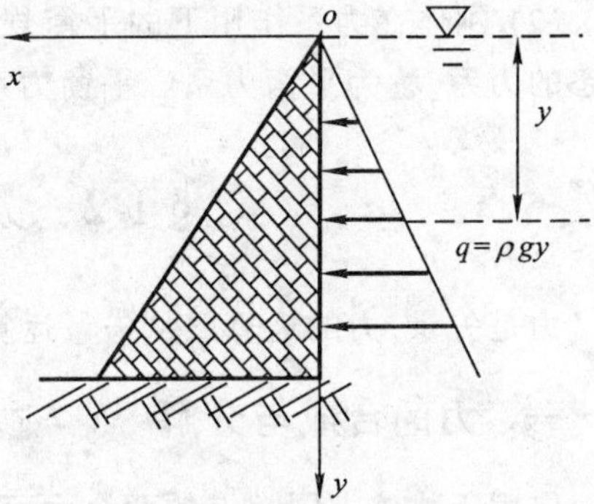

图 1-2　分布力实例

间两类,如平面汇交力系、平面一般力系;空间汇交力系、空间一般力系。

二、刚体的概念

刚体(rigid body)是在任何情况下保持其大小和形状不变的物体。实践表明,任何受力物体多少总要产生一些变形。但工程中的绝大多数受力零件或构件的变形都极其微小,这些微小的变形对物体的运动效应(也称为外效应)的影响甚微,可以略去不计,从而使问题的研究得到简化。静力学(statics)中所研究的物体只限于刚体,即研究力的外效应,所以又称为刚体静力学(statics of rigid body)。

刚体是一个抽象化的理想模型,实际并不存在。这种抽象化方法,在科学研究中是非常重要的,因为只有忽略一些次要的、非本质的因素,才能充分揭露事物的本质。将物体抽象为刚体,与所研究问题的性质有关。当所研究的问题以变形为主要因素时,就要将物体看成为变形体。

三、平衡的概念

平衡(equilibrium)是指物体相对于惯性参考系处于静止或做匀速直线运动状态。在工程实际中,一般可取固连于地球的参考系为惯性参考系。这样,工程中的一般平衡问题,是指物体相对地球处于静止或做匀速直线运动状态的问题。平衡是物体机械运动的特殊形式。

静力学着重研究以下两个基本问题:

(1) 作用于刚体上的力系的简化,即用一个简单的力系等效代替原力系对刚体的作用,此二者互为等效力系。若已知力系与单个力等效,则此单个力称为该力系的合力(resultant)。

(2) 刚体在力系作用下的平衡规律,即力系的平衡条件。使刚体处于平衡状态的力系,称为平衡力系。平衡力系应该满足的条件称为平衡条件。

§1-2 力的矢量运算

力是矢量,力的运算服从矢量运算原则。力的矢量运算是力系简化的基础。

一、力的合成与分解

作用于物体上同一点的两个力可合成为一个合力,此合力也作用于该点,合力的大小和方向由以原力矢为邻边所构成的平行四边形的对角线确定。其逆运算则为力的分解。此方法称为力合成的平行四边形法则或三角形法则。利用平行四边形法则(parallelogram law)或力的三角形法则(force triangle law)可以把两个共点力合成一个合力,也可以把一个力分解为作用在同一点的两个分力。特别是分解为互相垂直的共点分力,在后面的学习中尤为重要。

如图 1-3 所示,力 $\boldsymbol{R}$ 为力 $\boldsymbol{F}_1$、$\boldsymbol{F}_2$ 的合力,作用于交点 A;反之,力 $\boldsymbol{F}_1$、$\boldsymbol{F}_2$ 为力 $\boldsymbol{R}$ 的分力。二者之间的关系由如下的矢量等式表示:

$$\boldsymbol{R} = \boldsymbol{F}_1 + \boldsymbol{F}_2 \tag{1-1}$$

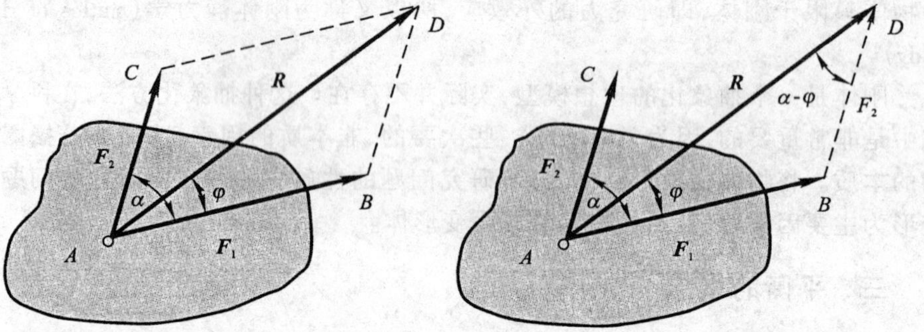

图 1-3 力的合成与分解

由式(1-1)知,两共点力的合力矢等于两力矢的矢量和。

若以 α 表示 $\boldsymbol{F}_1$ 和 $\boldsymbol{F}_2$ 之间的夹角,φ 表示 $\boldsymbol{F}_1$ 和 $\boldsymbol{R}$ 之间的夹角,则 $\boldsymbol{R}$ 的大小和方向可用三角公式求得。

由余弦定理有 $\boldsymbol{R}$ 的大小为(合力 $\boldsymbol{R}$ 的模)

$$R = \sqrt{F_1^2 + F_2^2 - 2F_1F_2\cos(\pi - \alpha)} = \sqrt{F_1^2 + F_2^2 + 2F_1F_2\cos\alpha} \tag{1-2}$$

应用正弦定理,由三角形 ABD 有

$$\frac{F_1}{\sin(\alpha-\varphi)}=\frac{F_2}{\sin\varphi}=\frac{R}{\sin(\pi-\alpha)} \tag{1-3}$$

由此可确定 $\boldsymbol{F}_1$ 和 $\boldsymbol{R}$ 之间的夹角,即合力 $\boldsymbol{R}$ 的方向为

$$\sin\varphi=\frac{F_2}{R}\sin\alpha \tag{1-4}$$

力合成的平行四边形法则或三角形法则是矢量表达式(1-1)计算的几何方法。也可以用解析法计算。取直角坐标系 $Oxyz$,任一力矢 $\boldsymbol{F}_i$ 可表示为按直角坐标的分解式:

$$\boldsymbol{F}_i=F_{ix}\boldsymbol{i}+F_{iy}\boldsymbol{j}+F_{iz}\boldsymbol{k} \tag{1-5}$$

式中:$\boldsymbol{i}$、$\boldsymbol{j}$、$\boldsymbol{k}$ 是坐标单位矢量,F_{ix},F_{iy},F_{iz} 是力 $\boldsymbol{F}_i$ 在坐标轴 x、y、z 上的投影。于是有:

$$\boldsymbol{R}=R_x\boldsymbol{i}+R_y\boldsymbol{j}+R_z\boldsymbol{k} \tag{1-6}$$

式中:

$$R_x=F_{1x}+F_{2x},\quad R_y=F_{1y}+F_{2y},\quad R_z=F_{1z}+F_{2z} \tag{1-7}$$

则合力 $\boldsymbol{R}$ 的大小为:

$$R=\sqrt{R_x^2+R_y^2+R_z^2} \tag{1-8}$$

合力 $\boldsymbol{R}$ 的方向余弦为:

$$\cos(\boldsymbol{R},\boldsymbol{i})=\frac{R_x}{R},\quad \cos(\boldsymbol{R},\boldsymbol{j})=\frac{R_y}{R},\quad \cos(\boldsymbol{R},\boldsymbol{k})=\frac{R_z}{R} \tag{1-9}$$

二、力的矩

当我们用扳手拧螺母,用力开或关门,都利用了力对物体的转动效应。如图1-4,力使螺母转动的效果不仅与力的大小 F 有关,而且也与力线到螺母的中心距离 d 有关。由此引出力的矩的概念。简称为力矩。

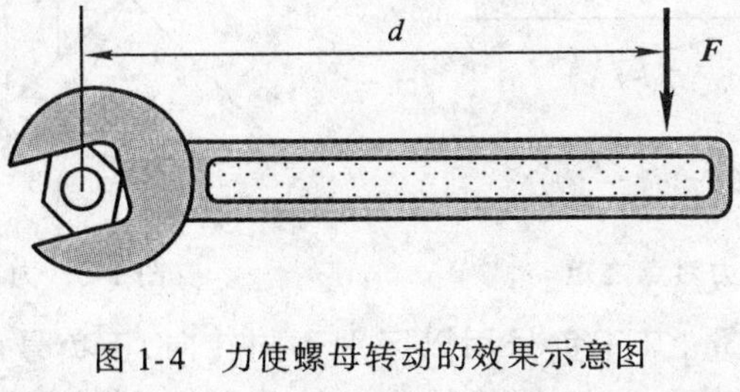

图 1-4　力使螺母转动的效果示意图

1．力对点的矩

力 $\boldsymbol{F}$ 使物体绕一定点 O 转动的效应，可用力对该点的矩来度量，称为力 $\boldsymbol{F}$ 对 O 点的矩(moment of a force about a point)，简称为力矩。O 点称为力矩中心(centre of moment)，简称矩心。

设力 $\boldsymbol{F}$ 作用于刚体的 A 点，从矩心 O 到 A 引矢量 $\boldsymbol{r}=\overrightarrow{OA}$，称为 A 点到矩心 O 的矢径(position vector, radius vector)，如图 1-5 所示，则力 $\boldsymbol{F}$ 对 O 点的矩矢为 $\boldsymbol{M}_O(\boldsymbol{F})$，简记为 $\boldsymbol{M}_O$：

$$\boldsymbol{M}_O(\boldsymbol{F}) = \boldsymbol{r} \times \boldsymbol{F} \tag{1-10}$$

即，力 $\boldsymbol{F}$ 对 O 点的矩矢等于力作用点对于矩心的矢径与力矢的矢积。

式(1-10)表明，力 $\boldsymbol{F}$ 对 O 点的矩是个矢量，矩矢 $\boldsymbol{M}_O(\boldsymbol{F})$ 作用点在矩心，垂直于 $\boldsymbol{r}$ 与 $\boldsymbol{F}$ 所确定的平面，方向(或转向)由右手螺旋法则确定，大小为

$$M_O(\boldsymbol{F}) = |\boldsymbol{M}_O(\boldsymbol{F})| = Fd = 2\triangle OAB\text{ 面积} \tag{1-11}$$

力矩的单位为 N·m(牛顿米)。

2．力对轴的矩

力使刚体绕轴转动的效应，可用力对该轴的矩(moment of force about an axis)来度量。设作用于刚体上的力 $\boldsymbol{F}$ 沿 z 轴和 Oxy 面内的分量分别为 $\boldsymbol{F}_z$ 和 $\boldsymbol{F}_{xy}$，如图 1-6 所示(其中 $\boldsymbol{F}_z$ 没有画出)，则力 $\boldsymbol{F}$ 对 z 轴的矩 $M_z(\boldsymbol{F})$ 为

$$M_z(\boldsymbol{F}) = \pm F_{xy}d = \pm 2\triangle OAB\text{ 面积} \tag{1-12}$$

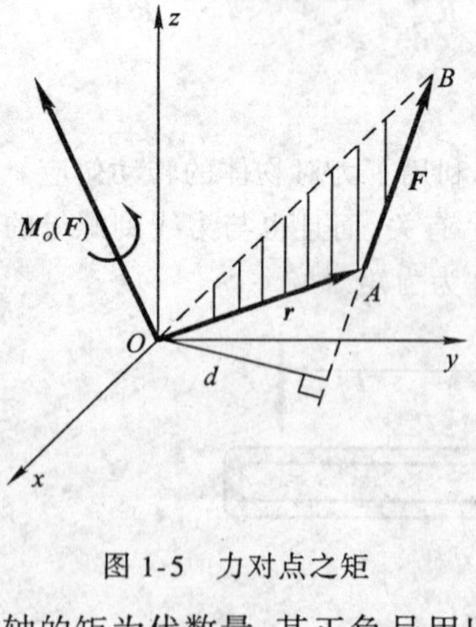

图 1-5　力对点之矩

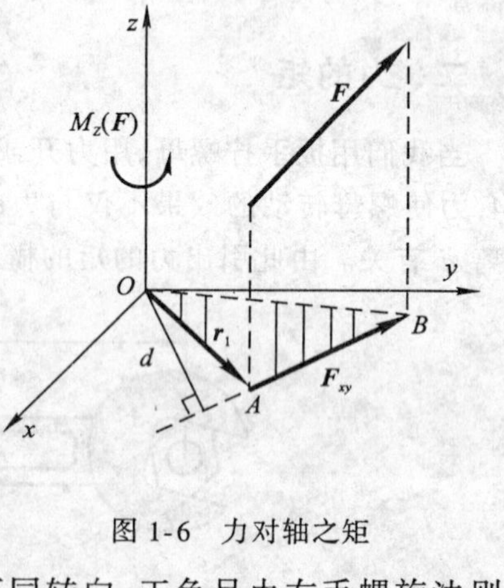

图 1-6　力对轴之矩

力对轴的矩为代数量，其正负号用以区别不同转向，正负号由右手螺旋法则确定，即弯曲的四指表示力 $\boldsymbol{F}$ 使物体绕 z 轴的转向，若拇指与 z 轴同向，则有

$M_z(\boldsymbol{F})>0$;反之,若拇指与 z 轴反向,则有 $M_z(\boldsymbol{F})<0$。

3. 力对点的矩 $\boldsymbol{M}_O(\boldsymbol{F})$ 与力对轴的矩 $M_z(\boldsymbol{F})$ 之间的关系

如图 1-5(或图 1-6)所示,力 $\boldsymbol{F}$ 对 O 点的矩 $\boldsymbol{M}_O(\boldsymbol{F})$ 与对 z 轴(z 轴通过 O 点)的矩 $M_z(\boldsymbol{F})$ 之间有如下对应关系:

$$[\boldsymbol{M}_O(\boldsymbol{F})]_z = M_z(\boldsymbol{F}) \tag{1-13}$$

即,力对点的矩在过点之轴上的投影等于力对该轴的矩。

在直角坐标系 $Oxyz$ 中,设作用于 A 点的力 $\boldsymbol{F}=F_x\boldsymbol{i}+F_y\boldsymbol{j}+F_z\boldsymbol{k}$,矢径 $\overrightarrow{OA}=\boldsymbol{r}=x\boldsymbol{i}+y\boldsymbol{j}+z\boldsymbol{k}$,则有:

$$\begin{aligned}\boldsymbol{M}_O(\boldsymbol{F}) = \boldsymbol{r}\times\boldsymbol{F} &= \begin{vmatrix}\boldsymbol{i} & \boldsymbol{j} & \boldsymbol{k}\\ x & y & z\\ F_x & F_y & F_z\end{vmatrix}\\ &= (F_zy-F_yz)\boldsymbol{i}+(F_xz-F_zx)\boldsymbol{j}+(F_yx-F_xy)\boldsymbol{k}\\ &= [\boldsymbol{M}_O(\boldsymbol{F})]_x\boldsymbol{i}+[\boldsymbol{M}_O(\boldsymbol{F})]_y\boldsymbol{j}+[\boldsymbol{M}_O(\boldsymbol{F})]_z\boldsymbol{k}\\ &= M_x(\boldsymbol{F})\boldsymbol{i}+M_y(\boldsymbol{F})\boldsymbol{j}+M_z(\boldsymbol{F})\boldsymbol{k}\end{aligned} \tag{1-14}$$

利用式(1-14),可用解析法计算力对点的矩或力对轴的矩。

上述运算法则不难推广到多个力的合成与力矩计算问题中。

§1-3 静力学公理

人们通过长期的观察与实践,根据大量的客观事实,对力的基本性质进行了概括总结,得出了静力学公理。这些公理是静力学的基本规律,它们构成了静力学的理论基础。静力学公理的正确性为大量的实践所证实。

公理 1 二力平衡公理

作用于刚体上的两个力,使刚体处于平衡的必要与充分条件是:此两力大小相等、指向相反且沿同一作用线。该公理阐明了作用于刚体上的一个简单力系的平衡条件,是研究复杂力系平衡的基础。只受两个力作用处于平衡的物体称为二力体。二力体所受力的特点是:两个力必沿作用点的连线,如图 1-7 所示。

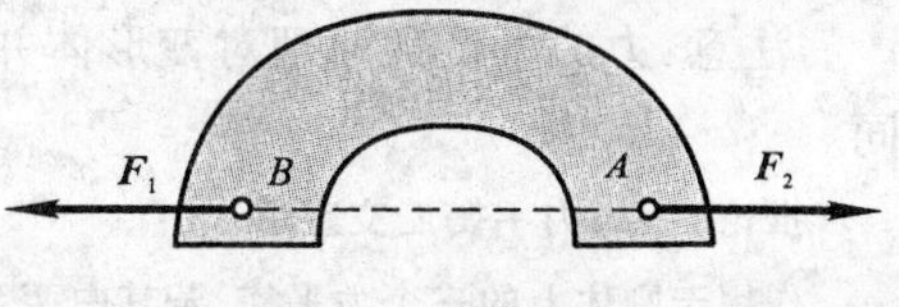

图 1-7 二力体

由公理 1,可以推得平衡力系定理:在

力系作用下,刚体保持平衡的充分必要条件是,该力系是一**零力系**。即,力系的主矢与对任一点的主矩均为零(主矢与主矩的概念将在后面章节中介绍)。

公理 2 加减平衡力系公理

在作用于刚体上的任一力系中,加上或减去一个平衡力系,并不改变原力系对刚体的作用效应。即:如果两个力系只相差一个或几个平衡力系,则它们对刚体的作用效果相同,因此可以等效替换。

公理二对研究力系的简化很重要。

推论 1 力的可传性原理

作用于刚体上的力,可以沿其作用线移至刚体上的任一点,而不改变它对刚体的作用。此即为作用于刚体上的力的可传性原理(transmissibility of force)。力的可传性指出,作用于刚体上的力的三要素是:力的大小、方向和作用线。

证明 设力 $\boldsymbol{F}$ 作用于刚体的 A 点,如图 1-8(a)。根据加减平衡力系公理,可在力 $\boldsymbol{F}$ 的作用线上任取一点 B,并加上一平衡力系 $\boldsymbol{F}_1$、$\boldsymbol{F}_2$,使 $\boldsymbol{F}=\boldsymbol{F}_2=-\boldsymbol{F}_1$,如图 1-8(b)。由于力 $\boldsymbol{F}$、$\boldsymbol{F}_1$ 也是一个平衡力系,故可减去;这样只剩下一个力 $\boldsymbol{F}_2$,如图 1-8(c)。因图 1-8(a)、(b)、(c)三者等效,而力 $\boldsymbol{F}_2$ 就是原力 $\boldsymbol{F}$,但作用点已移到了 B 点。证毕。

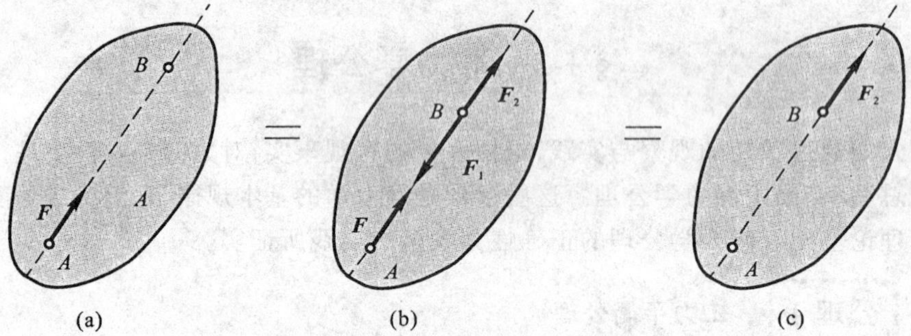

图 1-8 作用于刚体上的力的可传性

作用在刚体上的力可沿作用线移动,力矢为滑动矢量(sliding vector)。

注意:力的可传性原理对变形体并不适用,因力移动后对物体的变形效应不同。

推论 2 三力平衡汇交定理

作用于刚体上的三个力平衡,若其中两个力的作用线汇交于一点,则此三力必在同一平面内,且第三个力的作用线必通过此汇交点。

证明　如图 1-9,在刚体上的 A、B、C 三点上,分别作用平衡力 $\boldsymbol{F}_1$、$\boldsymbol{F}_2$ 和 $\boldsymbol{F}_3$。根据力的可传性,将力 $\boldsymbol{F}_1$、$\boldsymbol{F}_2$ 移到汇交点 O,并利用力的平行四边形法则得合力 $\boldsymbol{R}_{12}$。力 $\boldsymbol{F}_3$ 应与合力 $\boldsymbol{R}_{12}$ 平衡。二力平衡必共线,所以力 $\boldsymbol{F}_3$ 的作用线通过汇交点 O,且与 $\boldsymbol{F}_1$、$\boldsymbol{F}_2$ 共面。证毕。

公理 3　**作用与反作用定律**(law of action and reaction)

两物体之间的相互作用力,总是大小相等、指向相反、沿同一直线分别作用在这两个物体上。

例　放在光滑平面上的物体,受力如图 1-10。则 $\boldsymbol{F}$、$\boldsymbol{F}'$ 为一对作用力和反作用力;而 $\boldsymbol{F}$、$\boldsymbol{P}$ 则为一对平衡力。

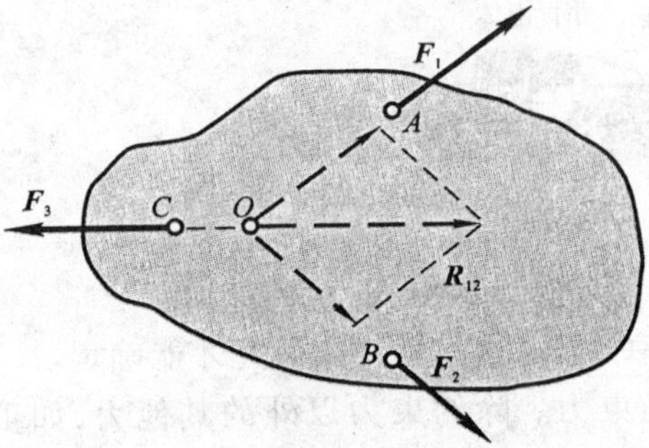

图 1-9　推论 2 证明图例

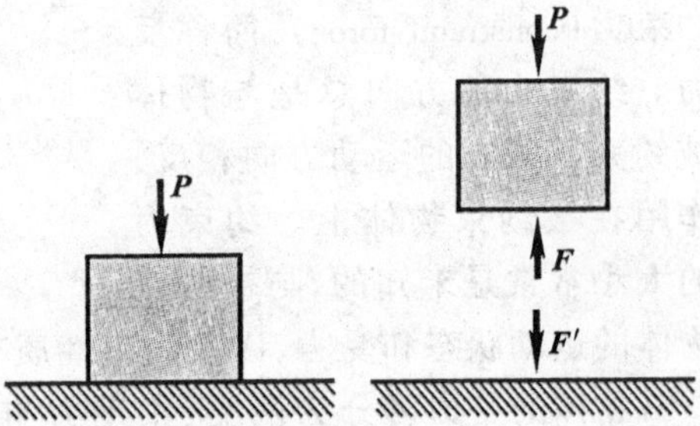

图 1-10　作用力和反作用力图例

注意:公理 3 不限于刚体,它对于变形体也是适用的,且作用力和反作用力不是一对平衡力。但公理 1、2 只适用于刚体。

公理 4　**(刚化原理)**

当变形体在力系作用下处于平衡时,若将它理想化为刚体,其平衡状态保持不变。刚化原理(principle of rigidization)的前提条件是:变形体处于平衡,它提供了把变形体抽象成刚体模型的条件。在刚体静力学基础上,考虑变形体特性,可进一步研究变形体的平衡问题。刚化原理指出:刚体的平衡条件是变形体平衡的必要条件。

§1-4　约束与约束反作用力

为了分析和解决实际力学问题,除了对物体模型进行理想化外,还要对物体的受力、物体间的接触性质和连接方式进行理想化。工程实际中的大多数物体,其运动往往受到一定的限制或约束。例如,在路面上行驶的汽车、在钢轨上行驶的火车、安装在轴承中的电机转子等等。运动受到某种条件限制的物体称为非自由体(constrained body)。而像空中飞行的飞机、人造卫星等物体,它们在空间的运动没有受到任何其他物体施加的限制,则称为自由体(free body)。如图 1-11 所示。

对物体运动施加限制的物体,称为约束(constraint)。上述路面对汽车、轨道对机车、轴承对电机转子等都是约束。约束对被约束物体的作用力称为约束反力(reactions of constraint)或约束力(constraint force),简称反力。约束力的方向总是与物体被约束所限制的运动方向相反,作用在被约束物体上。约束力的大小常常是未知的,与被约束物体的运动状态和受力,以及约束性质有关,需通过力学规律研究才能确定。

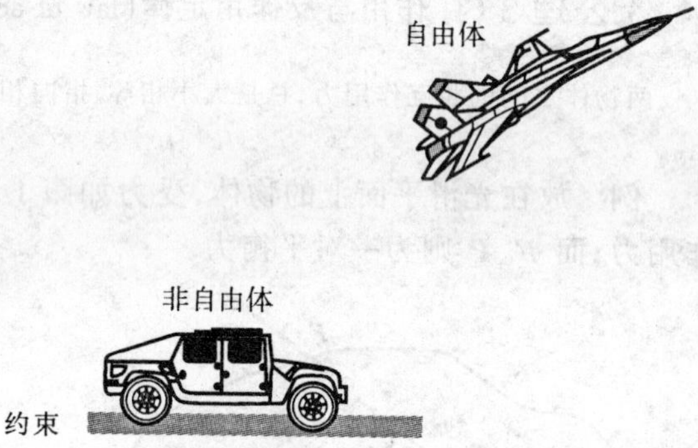

图 1-11 非自由体与自由体实例

物体的受力可分为两类:主动力与约束力。除约束力以外的其他力,如重力、风力、水压力、电磁力等,都称为主动力(applied forces)或载荷(loads)。它们的特点是可以预先独立地确定。如图 1-12,$\boldsymbol{G}$、$\boldsymbol{F}$ 为主动力,而 $\boldsymbol{F}_A$、$\boldsymbol{F}_B$ 是约束反力,其大小未知。在一般情况下,约束反力是由主动力引起的。

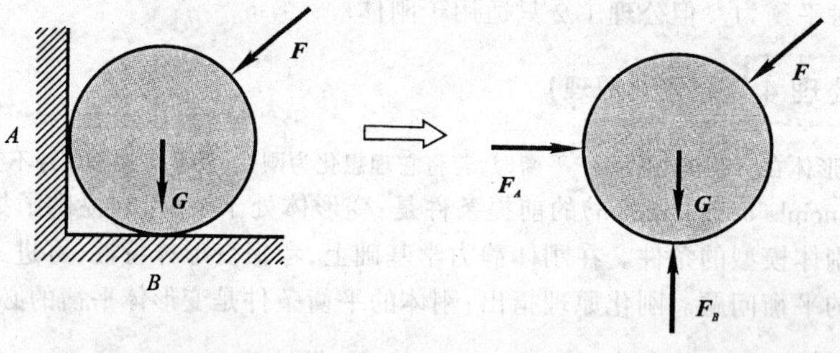

图 1-12 主动力与约束力

实际物体之间的接触或连接是非常复杂的(一般为非理想约束,non - ideal constraint)。在分析物体的受力时,必须对实际约束进行理想化抽象,以简化计算。下面介绍几种常见的理想约束(ideal constraint)类型,并分析其约束反力的特点。

一、柔索约束

柔软的绳索、链条或传动胶带只能承受拉力,而不能抵抗压力和弯曲,可简化为理想的柔性约束——柔索(flexible cable)。当物体受到柔索约束时,柔索只能限制物体沿柔索伸长方向的运动。因此,柔索的约束反力的方向一定是沿着柔索,且只能是拉力,即作用在接触点,方向沿柔性约束的轴线并背离物体。如图 1-13 和图 1-14 的绳索约束。属于这类约束的还有链条、皮带等。

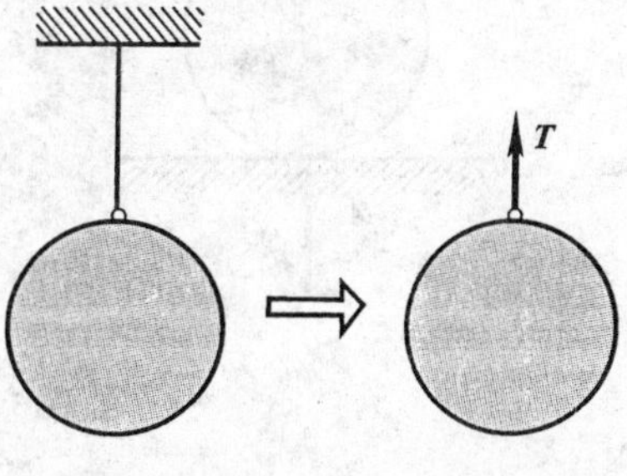

图 1-13　柔索约束反力

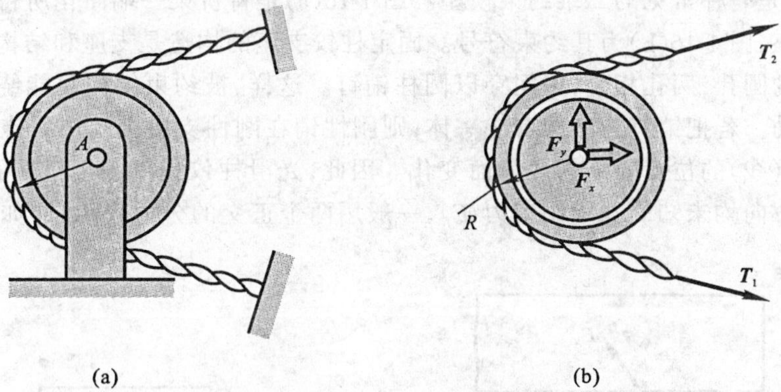

图 1-14　柔索约束实例

二、光滑接触面约束

若两物体间的接触表面非常光滑,则摩擦可以忽略不计,就可以简化为光滑接触面约束(smooth surface)。光滑接触面对被约束物体在接触点切面内任一方向的运动不加阻碍,也不限制物体沿接触点的公法线方向脱离接触,但不允许物体沿该法向进入接触面。所以,光滑接触面的约束反力必通过接触点,方向沿接触面公法线,指向被约束物体内部,如图 1-15 所示。

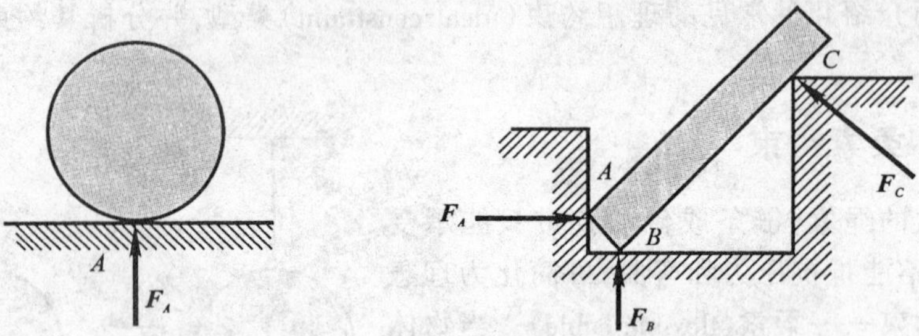

图 1-15　光滑接触面约束反力

三、光滑圆柱铰链约束

(smooth cylindrical pin)　这种约束简称为柱铰或铰链，包括固定柱铰和活动柱铰，它是一种常见的二维约束模型。图 1-16(a)是将桥梁一端简化所得的固定柱铰支座，图 1-16(b)为其约束符号。固定柱铰支座的构造是支座和结构各有大小相同的圆孔，两孔相叠，中间穿以圆柱销钉。这样，被约束结构只能绕销钉的轴线转动。若把销钉与结构看成一体，则刚性销在刚性支座圆孔内是点(线)接触，此点(线)的位置随结构载荷而变化。因此，光滑柱铰提供一个过圆孔中心，大小和方向均未知的二维约束力 F_N，一般用两个正交的分力表示，即如图 1-16(b)所示。

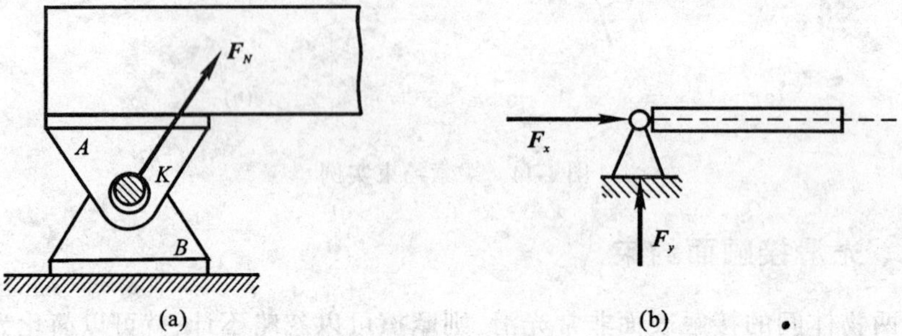

图 1-16
(a) 固定圆柱铰的结构；(b) 约束符号与约束力

实际结构或机构中，常用铰链连接两个构件，称为活动柱铰，如图 1-17 所示。这时，如将其中的一个构件看成约束件，另一个构件看成被约束件，那么约束力也与固定柱铰具有同样性质。

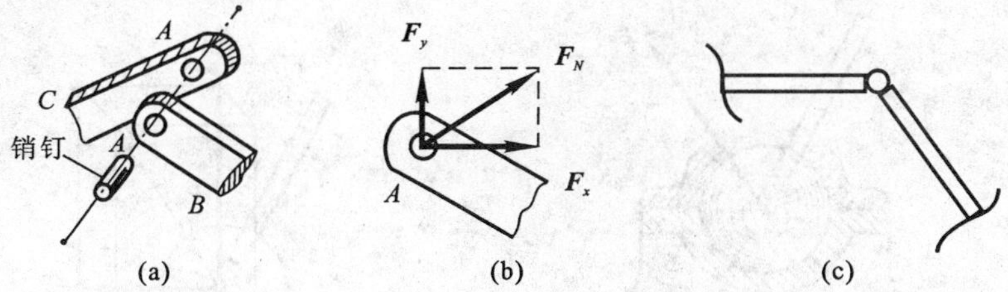

图 1-17　活动圆柱铰

(a) 结构;(b) 约束力;(c) 约束符号

四、辊轴铰链约束

在桥梁、房架等工程结构中,经常采用辊轴约束(roller support),也称为可动铰链支座。这种约束用几个圆柱形滚轮支承结构,以便当结构在沿跨度方向伸缩时,滚轮可以有微小滚动。显然,辊轴就是一种光滑面约束,其约束力必垂直于支承面。如图 1-18(a)、(b)所示。

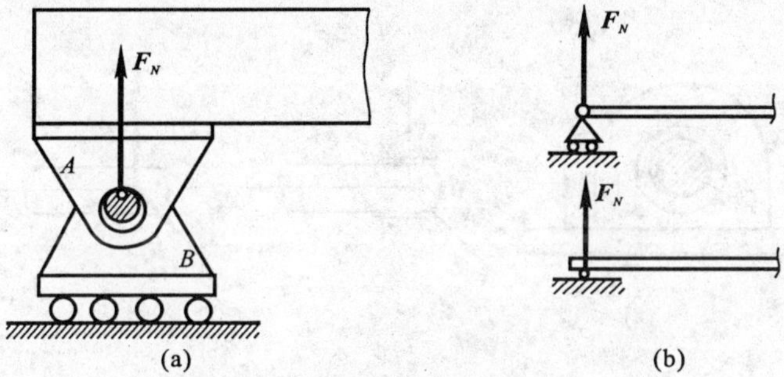

图 1-18　辊轴铰链

(a) 约束结构;(b) 约束力与约束符号

五、光滑球形铰链约束

(smooth ball and socket joint)　这种约束简称为球铰,包括固定球铰和活动球铰,它是三维约束模型。图 1-19(a)所示,被约束杆端为圆球。支座有与其半径近似相等的球窝,二者相配合,构成固定球铰约束,球与窝为点接触,接触点位置随载荷方向而变化。因此,光滑球铰约束提供一个过球心,大小和方向均未知的三维空间约束力 $\boldsymbol{F}_N$,通常用其三个正交的分力表示,即如图 1-19(b)所示。至于连接两根或多根杆的球铰,称为活动球铰,其约束力与上述类似。

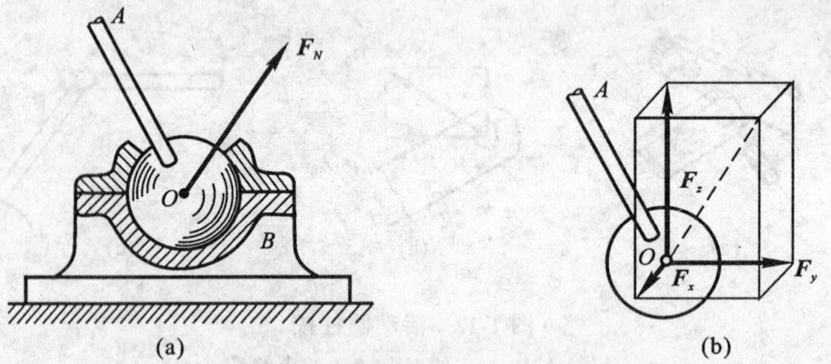

图 1-19 球铰

(a) 约束结构;(b) 约束力

六、轴承约束

轴承是机器中的常见约束,包括向心轴承与止推轴承。此时,圆轴本身是被约束体。向心轴承为二维约束,如图 1-20 所示。而止推轴承为三维约束,如图 1-21 所示。

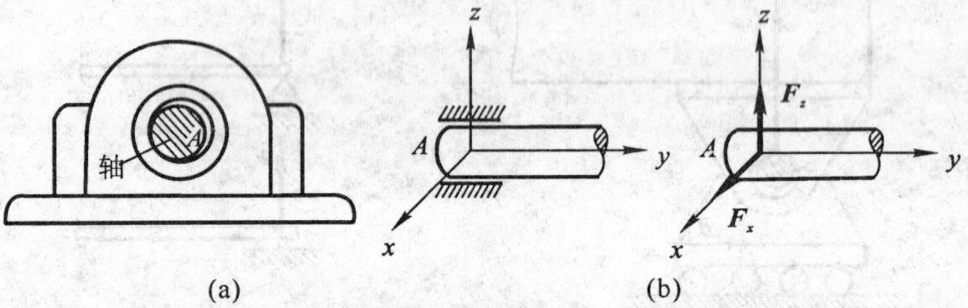

图 1-20 向心轴承

(a) 约束结构;(b) 约束力

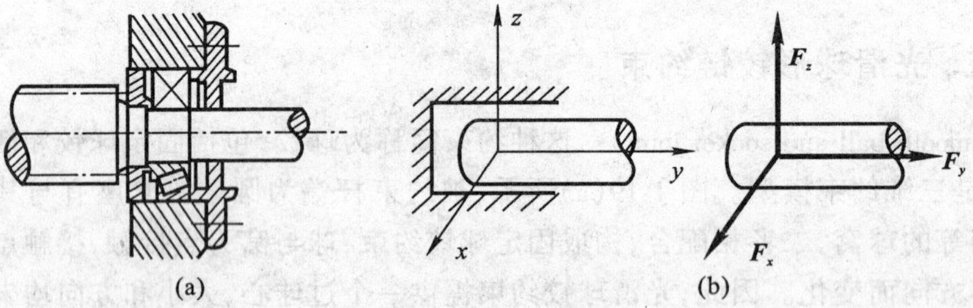

图 1-21 止推轴承

(a) 约束结构;(b) 约束力

常见的约束除上述介绍的以外，工程中还有固定端等其他类型的约束，将在适当的章节介绍。

§1-5 物体的受力分析和受力图

在求解力学问题时，首先要根据问题的已知条件和待求量，从体系中选定某一物体(或几个物体组成的体系)作为研究对象，并分析研究对象的受力情况，即进行受力分析。通常，是将选定的研究对象从约束中隔离出来，将约束对它的作用代以相应的约束力，并画上研究对象所作用的全部主动力。即取隔离体(isolated body)与画受力图(free – body diagram)。对物体进行受力分析是静力学计算中最重要的一步，其主要步骤为：

(1) 确定研究对象。根据解题需要，或者选整体，或者选单个物体，或者选几个物体组成的体系。

(2) 取隔离体。将研究对象从周围的约束中分离出来，将主动力画在隔离体上。

(3) 画约束反力。将约束对隔离体的作用代以相应的约束力，根据约束性质，确定约束力的方向以及约束力的个数，切忌任意猜度。在分析两物体之间的相互作用力时，要注意遵守作用力与反作用力定律。不要将其他物体所受的力画到隔离体上。不必画出隔离体内部物体之间相互作用的内力。

例 1-1 重为 W 的钢管放置如图 1-22(a)所示，其中 BC 为拉索、杆 AB 的 A 端为固定铰链，不计拉索和杆重，略去摩擦。试画出钢管和杆 AB 的受力图。

解 先以钢管为对象，将其隔离出来，如图 1-22(b)所示，主动力 $\boldsymbol{W}$ 作用于 O 点。不计摩擦时，D、E 点均为光滑接触，其反力沿公法线并指向研究对象，约束力为 $\boldsymbol{F}_D$ 和 $\boldsymbol{F}_E$。再以 AB 杆为研究对象，其分离体如图 1-22(c)所示，D 点所受的力与 $\boldsymbol{F}_D$ 互为作用力和反作用力，记为 $\boldsymbol{F}'_D$；B 点受钢索拉力为 $\boldsymbol{T}_B$；A 点为光滑铰链约束，其反力为一对正交力 $\boldsymbol{F}_{xA}$ 和 $\boldsymbol{F}_{yA}$。注意：在数值上，$F_D = F'_D$。

又：$\boldsymbol{F}'_D$ 和 $\boldsymbol{T}_B$ 的作用线相交于 O' 点。由三力平衡汇交定理有，A 点全反力 $\boldsymbol{F}_A$($\boldsymbol{F}_{xA}$ 和 $\boldsymbol{F}_{yA}$ 的合力)的作用线亦通过 O' 点，如图 1-22(d)所示。

例 1-2 画出图 1-23(a)所示结构中各构件的受力图，不计摩擦与自重。

解 对轮 B，B 点受铰链约束，其约束反力是一对正交力 $\boldsymbol{F}_{xB}$ 和 $\boldsymbol{F}_{yB}$，同时还有绳索绕过此轮，不计摩擦时，绳索拉力 $T_E = T_H$，见图 1-23(b)；CD 杆为二力杆，受二力 $\boldsymbol{S}_D$ 和 $\boldsymbol{S}_C$ 作用，二力作用线与 C、D 连线重合，见图 1-23(c)；物块 W

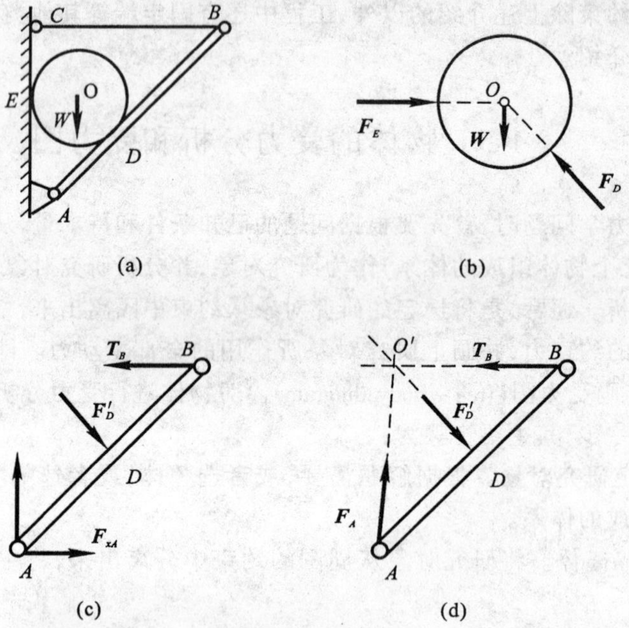

图 1-22　例 1-1 图

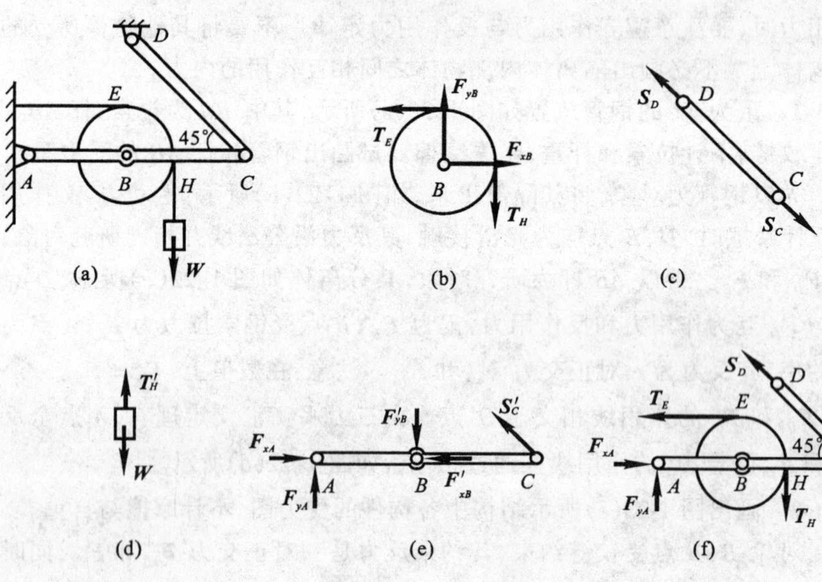

图 1-23　例 1-2 图

受绳索拉力 T'_H 作用，T_H 与 T'_H 为作用与反作用力，见图 1-23(d)；再以杆 ABC 为对象，将其分离出来，其上受 A、B、C 三点约束，三点均为铰链，A 点反力可用一对正交力 F_{xA} 和 F_{yA} 表示，B、C 两点反力可由作用力与反作用力定律确定，即 F'_{xB}、F'_{yB} 和 S'_C，见图 1-23(e)。

另，在研究结构平衡时，二力构件的受力图可以不必画出来，如本例题，可直接将整体结构从外部约束中分离出来，对其进行受力分析，如图 1-23(f)所示。

例 1-3 画出图 1-24(a)所示结构中 AC、CD 杆及整体的受力图(杆件的自重不计)。

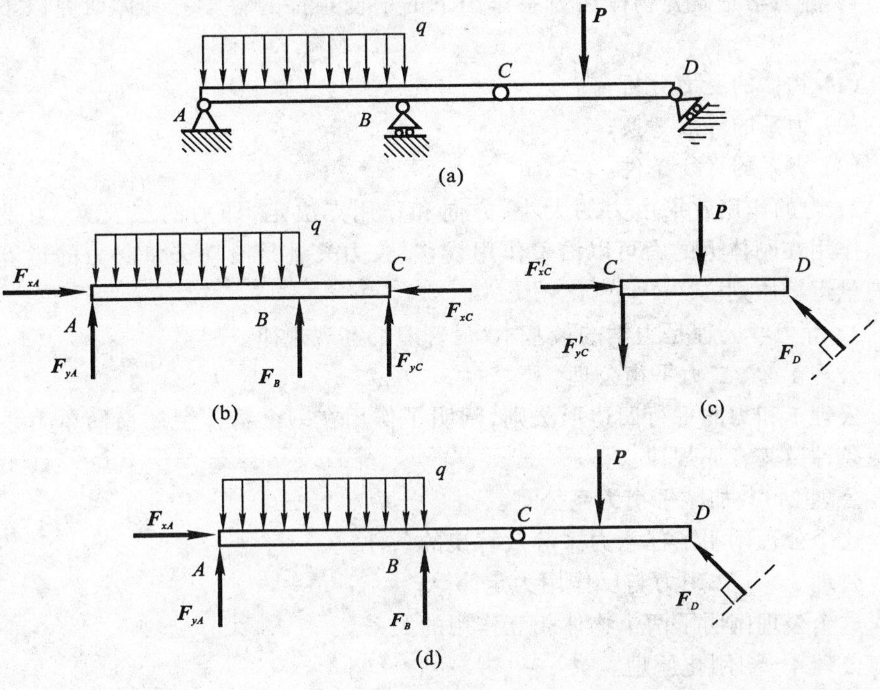

图 1-24 例 1-3 图

解 先分析 AC 杆的受力，A 是固定铰链约束，约束反力为 F_{xA} 和 F_{yA}；B 处是活动铰链约束，约束反力为 F_B，沿铅垂方向；C 为中间铰链，约束反力为 F_{xC} 和 F_{yC}。则 AC 杆的受力如图 1-24(b)所示。

分析 CD 杆的受力，C 处约束反力由作用力与反作用力定律有 F'_{xC} 和 F'_{yC}；D 点是活动铰链约束，约束反力为 F_D，方向如图所示。则 CD 杆的受力如图 1-24(c)所示。

以整体为研究对象，受力如图 1-24(d)所示。此时 C 处约束力为隔离体的内力，不出现。

对受力物体进行正确的受力分析，是静力问题求解中的重要一步。它不仅在静力学中，而且在动力学中也很重要。只有正确的受力分析，才能进一步求得正确的结果。

小 结

1. 静力学是研究物体在力系作用下的平衡条件的科学。具体研究以下三个问题：

(1) 物体的受力分析；

(2) 力系的等效替换；

(3) 力系的平衡条件。

2. 力的作用效果由力的大小、方向和作用点决定，即力的三要素，力是矢量。作用在刚体上的力可以沿着作用线移动，力矢量是滑动矢量。力的运算服从矢量运算原则。

3. 静力学公理是力学的最基本、最普遍的客观规律。

公理 1 二力平衡公理。

公理 1 和力的平行四边形法则，阐明了作用在一个物体上的最简单力系的平衡条件及其合成规律。

公理 2 加减平衡力系公理。

这个公理阐明了任意力系等效替换的条件。

公理 3 作用力与反作用力定律。

这个公理阐明了两个物体相互作用的关系。

公理 4 刚化原理。

这个公理阐明了变形体抽象成刚体模型的条件，并指出刚体平衡的充分和必要条件只是变形体平衡的必要条件。

4. 物体的受力分析是研究物体平衡和运动的前提。

物体受的力分为主动力和约束反力。

限制非自由体某些位移的周围物体，称为约束。约束对非自由体施加的力称为约束反力。约束反力的方向与该约束所能阻止物体运动的方向相反。

5. 力矩是力学中的一个基本概念，是力对物体转动效应的度量。

6. 力的投影、力对点的矩和力对轴的矩在求解力系平衡时有重要应用。

习 题

1-1 曲杆 $OABC$ 的各段 OA、AB、BC 分别平行于 y、x、z 轴，力 $\boldsymbol{F}$ 位于平面 ABC 内，作用于曲杆的 C 端，$\theta=\arctan\left(\frac{3}{4}\right)$。已知 $F=100\ \mathrm{N}$，$a=0.3\ \mathrm{m}$，$b=0.5\ \mathrm{m}$，$c=0.4\ \mathrm{m}$，试求力 $\boldsymbol{F}$ 对各坐标轴的矩和对 O 点的矩。

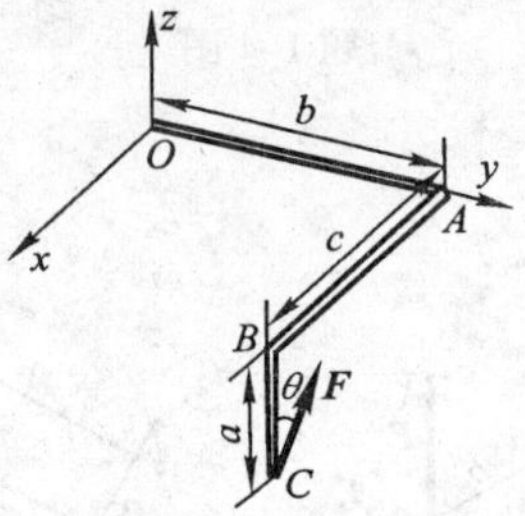

题 1-1 图

说明 如下列各题的图所示，作出其指定物体的受力图。所有接触处都认为是光滑的。物体的重力除已标出者外均略去不计。

1-2 杆 AB。

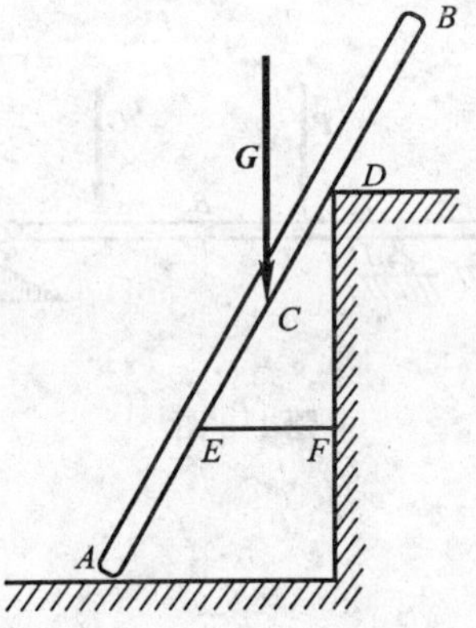

题 1-2 图

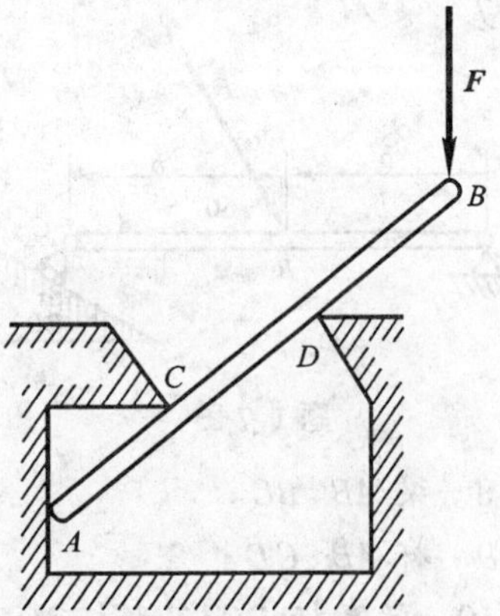

题 1-3 图

1-3 杆 AB。

1-4 杆 AB。

1-5 杆 AB、CD。

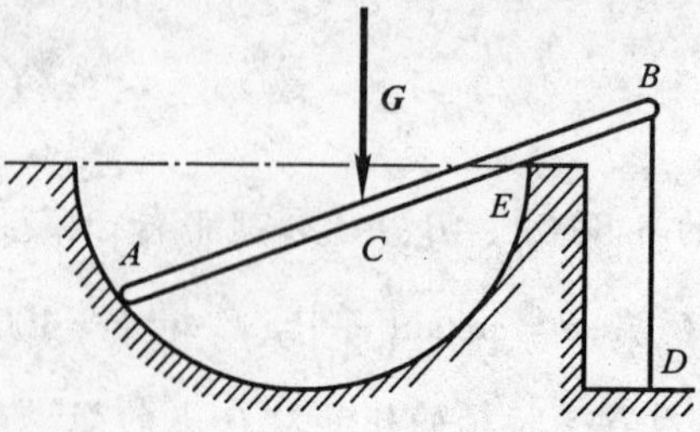

题 1-4 图

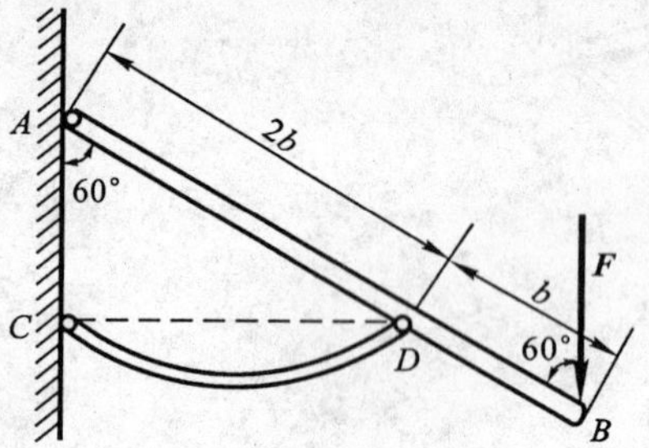

题 1-5 图

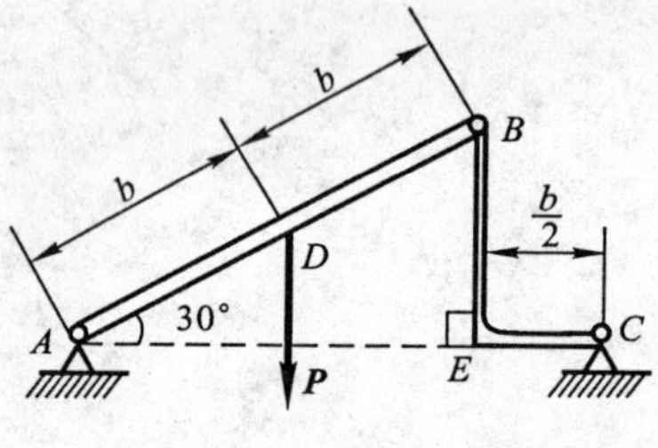

题 1-6 图

1-6 杆 AB、BEC。

1-7 梁 AC。

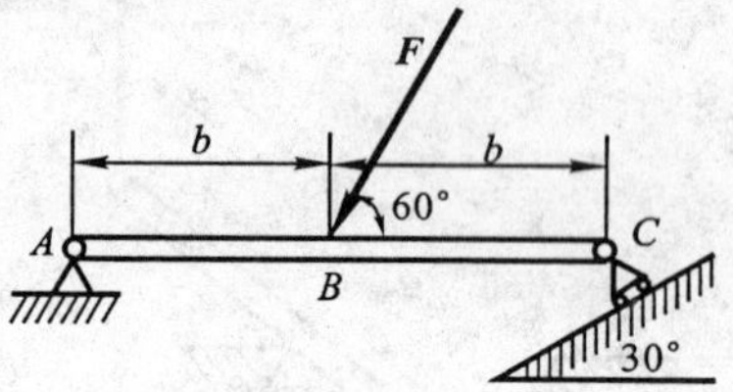

题 1-7 图

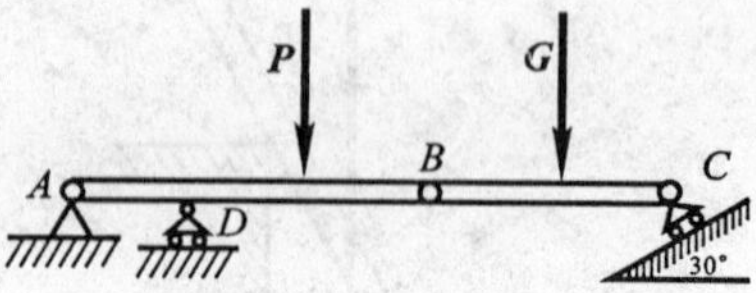

题 1-8 图

1-8 梁 AB、BC。

1-9 杆 AB、CD。

1-10 活塞杆 BC，T 形杆 AOB。

1-11 整个系统，杆 AC、AB、DE。

1-12 杆 OA、CBD。

1-13 整个系统，杆 AB、CD、EH。

1-14 整个系统，杆 AB、CD、AC。

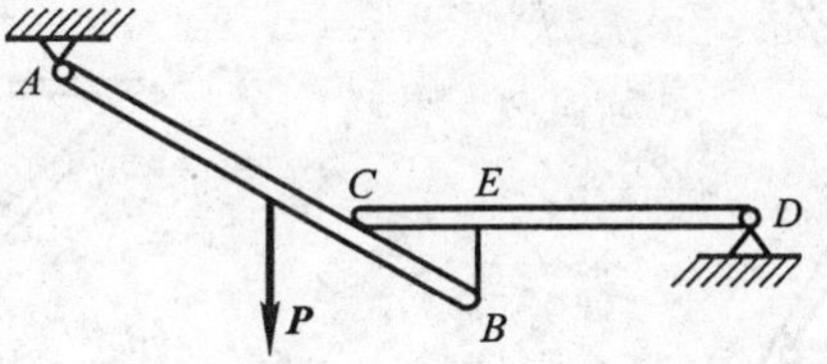

题 1-9 图

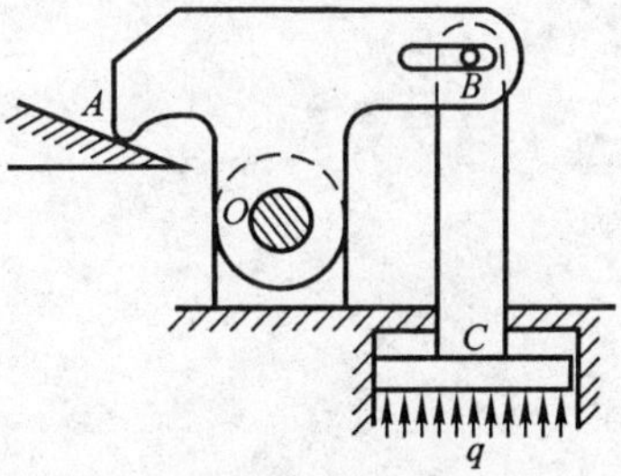

题 1-10 图

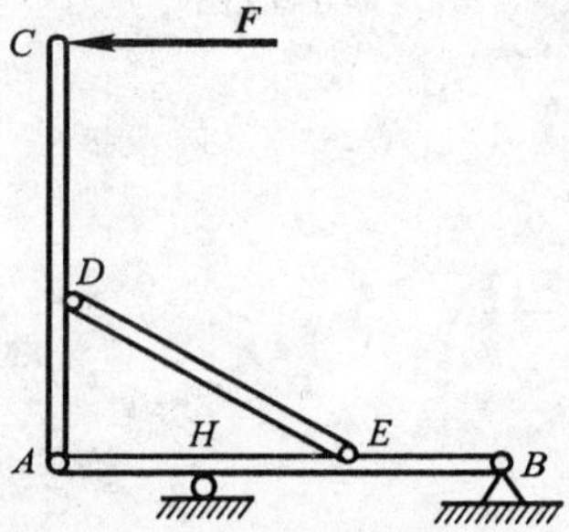

题 1-11 图

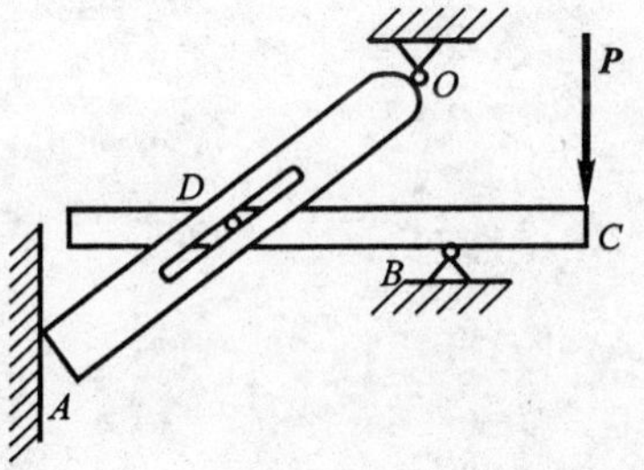

题 1-12 图

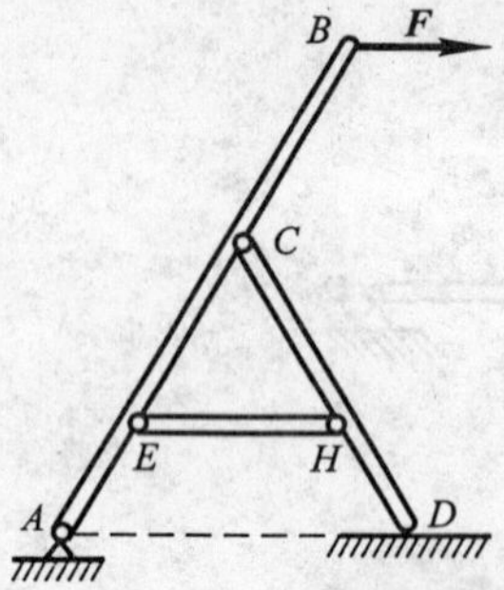

题 1-13 图

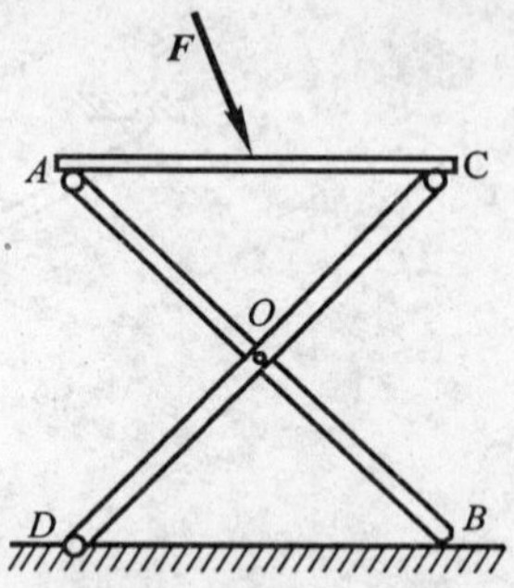

题 1-14 图

第二章　汇交力系与力偶系

汇交力系与力偶系是两种基本力系。本章研究这两种力系的合成和平衡。各力作用线汇交于一点的力系称为汇交力系;力偶系是一种特殊的力系。物体受汇交力系或力偶系作用的问题是常见的工程问题。同时,汇交力系与力偶系的合成与平衡条件,对研究一般力系的简化与平衡有重要的作用。

§2-1　汇交力系的合成

设有汇交力系(concurrent force system) $\boldsymbol{F}_1$、$\boldsymbol{F}_2$、$\boldsymbol{F}_3$ 分别作用于刚体上的 A、B、C 三点,各力的作用线汇交于 O 点,如图 2-1(a)所示。现求其合力。

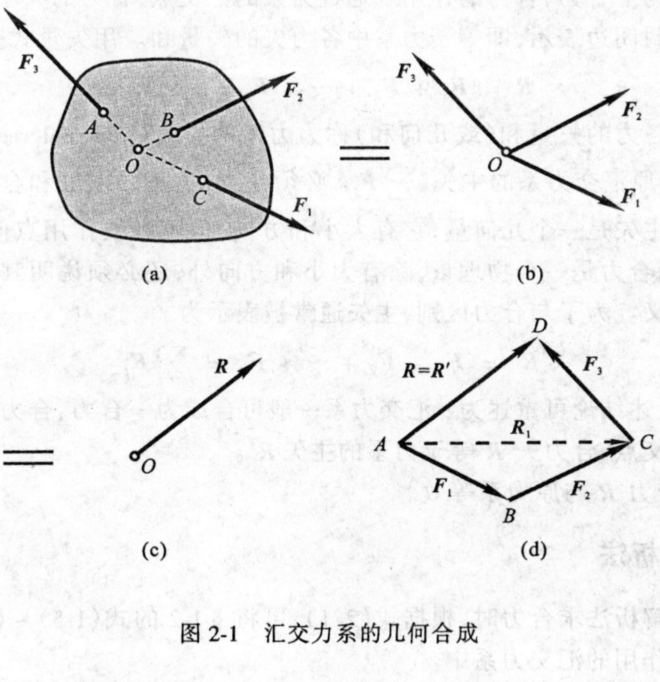

图 2-1　汇交力系的几何合成

一、几何法

首先,将各力作用点沿作用线移动到汇交点 O,有共点力系,如图 2-1(b)。连续应用二共点力合成的三角形法则,将各力顺序合成。例如,先将力 $\boldsymbol{F}_1$ 与 $\boldsymbol{F}_2$ 合成为力 $\boldsymbol{R}_1=\overrightarrow{AC}$,再将力 $\boldsymbol{R}_1$ 与 $\boldsymbol{F}_3$ 合成,在一般情况下得一合力 $\boldsymbol{R}$。显然,合力的作用线必通过汇交点 O(合力的作用点在汇交点),如图 2-1(c)。这一确定合力 $\boldsymbol{R}$ 的大小和方向的连续应用三角形法则的过程可简化为:将力系中各分力矢首尾相连,则连接第一个分力矢尾端与最后一个分力矢首端的矢量就是合力矢 $\boldsymbol{R}=\overrightarrow{AD}$,如图 2-1(d)。这样得到的多边形 $ABCD$ 称为力多边形,合力矢是力多边形的封闭边。这就是求合力矢的多边形法则。它实际上是矢量加法的一个应用。

对于空间汇交力系,力多边形为一空间封闭折线;而对于平面汇交力系,力多边形为一平面多边形。

上述方法不难推广到汇交力系有 n 个力的情形。于是可得结论:汇交力系一般可合成为一合力,合力的作用线通过力系的汇交点,合力的大小和方向可由力多边形的封闭边表示,即等于力系中各力矢的矢量和。用矢量式表示为

$$\boldsymbol{R}=\boldsymbol{F}_1+\boldsymbol{F}_2+\cdots+\boldsymbol{F}_n=\sum\boldsymbol{F}_i \tag{2-1}$$

力系中各力的矢量和(或几何和)称为力系的主矢(principal vector),所以合力矢 $\boldsymbol{R}$ 等于原汇交力系的主矢 $\sum\boldsymbol{F}_i$。必须注意,力系的主矢和合力是两个不同的概念。主矢是一个几何量,它有大小和方向,但不涉及作用点问题,可在任意点画出;而合力是一个物理量,除有大小和方向外,还必须说明其作用点或作用线才有意义。为了与合力区别,主矢通常被表示为

$$\boldsymbol{R}'=\boldsymbol{F}_1+\boldsymbol{F}_2+\cdots+\boldsymbol{F}_n=\sum\boldsymbol{F}_i \tag{2-2}$$

因此,上述结论可重述为:汇交力系一般可合成为一合力,合力的作用线通过力系的汇交点,合力矢 $\boldsymbol{R}$ 等于力系的主矢 $\boldsymbol{R}'$。

显然,合力 $\boldsymbol{R}$ 与原力系等效。

二、解析法

当采用解析法求合力时,根据式(2-1),可将 §1-2 的式(1-5)~(1-9)推广到具有多个力作用的汇交力系中。

设刚体上作用有汇交力系 $\boldsymbol{F}_1$、$\boldsymbol{F}_2$、…、$\boldsymbol{F}_n$,各力的作用线汇交于 O 点,过 O 点作直角坐标$Oxyz$,如图 2-2(a)所示,现求其合力。

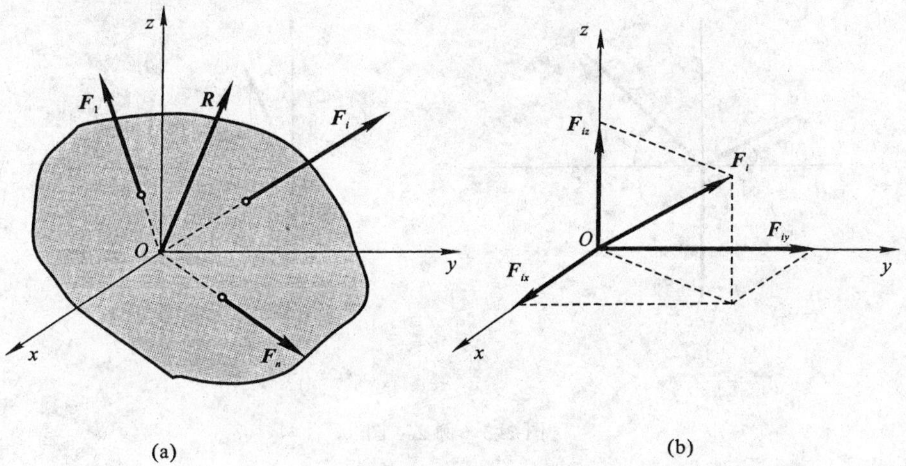

图 2-2　汇交力系的解析合成

如图 2-2(b),$\boldsymbol{F}_i$ 可沿坐标轴正交分解为三个分力 $\boldsymbol{F}_{ix}$、$\boldsymbol{F}_{iy}$、$\boldsymbol{F}_{iz}$,则有合力

$$\boldsymbol{R} = R_x\boldsymbol{i} + R_y\boldsymbol{j} + R_z\boldsymbol{k} \tag{2-3}$$

式中:$\boldsymbol{i}$、$\boldsymbol{j}$、$\boldsymbol{k}$ 是坐标单位矢量;R_x、R_y、R_z 是合力 $\boldsymbol{R}$ 在坐标轴 x、y、z 上的投影,分别为

$$R_x = \sum F_{ix}, \quad R_y = \sum F_{iy}, \quad R_z = \sum F_{iz} \tag{2-4}$$

则有合力 $\boldsymbol{R}$ 的大小为:

$$R = \sqrt{R_x^2 + R_y^2 + R_z^2} \tag{2-5}$$

合力 $\boldsymbol{R}$ 的方向余弦为:

$$\cos(\boldsymbol{R}, \boldsymbol{i}) = \frac{R_x}{R}, \quad \cos(\boldsymbol{R}, \boldsymbol{j}) = \frac{R_y}{R}, \quad \cos(\boldsymbol{R}, \boldsymbol{k}) = \frac{R_z}{R} \tag{2-6}$$

对汇交力系的简单问题,可选用几何法求解,例如两共点力的合成或分解;当问题比较复杂时,用解析法研究比较方便。解析法在解决工程实际问题时具有非常广泛的应用,而几何法在进行理论研究时具有便捷与简明的优点。

例 2-1　已知:平面共点力系各力的大小分别是:$F_1 = 80$ kN,$F_2 = 40$ kN,$F_3 = 60$ kN,方向如图 2-3(a)所示。求合力 $\boldsymbol{R}$ 的大小和方向。

解　取 Oxy 直角坐标系,合力在两轴上的投影分别为:

$$R_x = \sum F_{ix} = F_1\cos 60° - F_2\cos 30°$$

$$= 80 \times \frac{1}{2} - 40 \times \frac{\sqrt{3}}{2} = 5.36 \quad (\text{kN}) \tag{1}$$

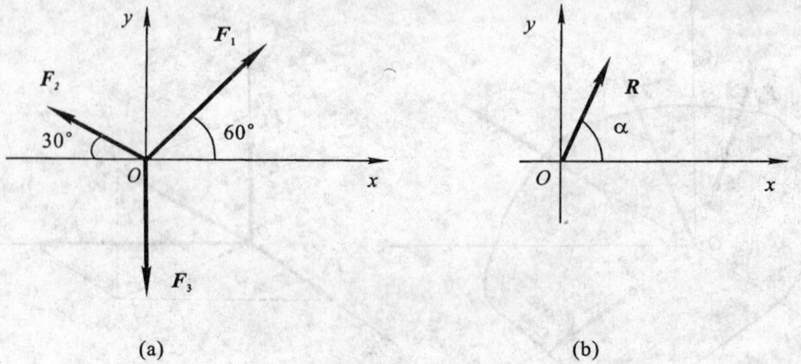

图 2-3 例 2-1 图

$$R_y = \sum F_{iy} = F_1 \sin 60° + F_2 \sin 30° - F_3$$

$$= 80 \times \frac{\sqrt{3}}{2} + 40 \times \frac{1}{2} - 60 = 29.28 \quad (\text{kN}) \qquad (2)$$

合力 $\boldsymbol{R}$ 的大小为:

$$R = \sqrt{R_x^2 + R_y^2} = \sqrt{5.36^2 + 29.28^2} = 29.77 \quad (\text{kN}) \qquad (3)$$

合力 $\boldsymbol{R}$ 与 x 轴的正向夹角:

$$\alpha = \arctan \frac{R_y}{R_x} = \arctan\left(\frac{29.28}{5.36}\right) = 79.63° \qquad (4)$$

求得的合力 $\boldsymbol{R}$ 过汇交点 O,与 x 轴的正向夹角为 79.63°,如图 2-3(b)所示。

§2-2 汇交力系的平衡条件

设有汇交力系 $\boldsymbol{F}_1$、$\boldsymbol{F}_2$、… $\boldsymbol{F}_n$ 作用于刚体。现研究该力系的平衡条件。平衡力系定理指出,力系平衡的充分必要条件是该力系为零力系。因汇交力系一般地合成为一合力,合力矢 $\boldsymbol{R}$ 等于力系的主矢 $\boldsymbol{R}'$,所以汇交力系平衡的充分必要条件是,力系的主矢等于零。根据式(2-2),这一条件可表示为

$$\boldsymbol{R}' = \sum \boldsymbol{F}_i = 0 \qquad (2\text{-}7)$$

式(2-7)指出:在平衡的情况下,力多边形中最后一力的终点与第一力的起点重合,即力多边形成为自行封闭多边形(沿着环绕力多边形的边界,所有各力矢按同一指向首尾相连);反之,若力多边形自行封闭,则该汇交力系为平衡力系。于是得如下结论:汇交力系平衡的充分必要条件是,该力系的力多边形是自

行封闭的。这是汇交力系平衡的几何条件。如图 2-4(a)所示力系平衡的几何条件为图 2-4(b)。

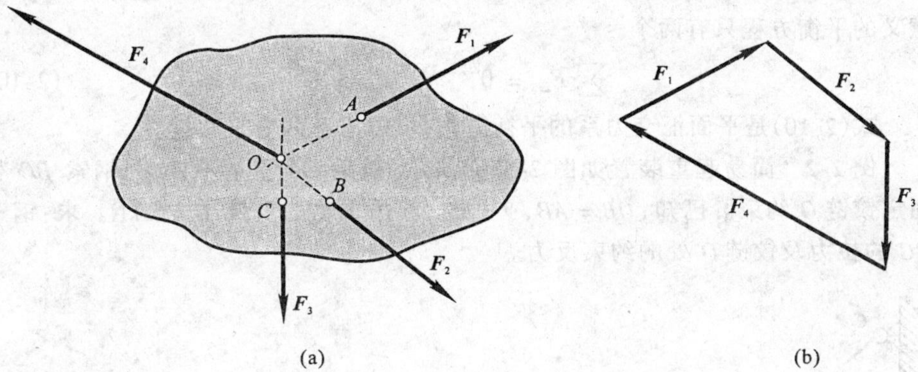

图 2-4　汇交力系平衡的几何条件图示

对平面汇交力系问题,可按比例先画出自行封闭的力多边形,然后用尺和量角器在图上量得所要求的未知量;对简单问题,也可根据图形的几何关系,用三角公式计算所要求的未知量,这种解题方法称为几何法。几何法在解决空间汇交力系问题时应用不多。

根据平衡条件式(2-7),也可得出汇交力系平衡的解析条件。汇交力系平衡的充分必要条件是力系的主矢等于零,这一条件也可表示为

$$R' = \sqrt{R_x^2 + R_y^2 + R_z^2} = 0 \tag{2-8}$$

欲使式(2-8)成立,必须同时满足

$$R_x = \sum F_{ix} = 0, \quad R_y = \sum F_{iy} = 0, \quad R_z = \sum F_{iz} = 0 \tag{2-9a}$$

即,汇交力系平衡的充分必要的解析条件是:各力在坐标轴上投影的代数和分别等于零。式(2-9a)称为汇交力系的平衡方程。通常被简写为

$$\sum F_{ix} = 0, \quad \sum F_{iy} = 0, \quad \sum F_{iz} = 0 \tag{2-9b}$$

式(2-9)是空间汇交力系的平衡方程,这三个方程相互独立,可以求解三个未知量,且只能求解三个未知量。在有些平衡问题中,未知约束反力的数目大于平衡方程的数目,这样的问题称为静不定问题,在刚体静力学中尚不能解决。相应的,未知约束反力数目等于平衡方程数目的平衡问题,称为静定问题,它属于静力学研究的内容。

平衡方程式(2-9)虽然是按直角坐标系导出的,但在实际应用中,三根投影轴并不限定必须相互垂直。只要三根轴既不共面又互不平行,即可选为投影轴。

恰当地选择投影轴,常可使计算简化。

对于平面汇交力系问题,可取 oxy 平面为力系作用面,则有 $\sum F_{iz} \equiv 0$,有意义的平衡方程只有两个

$$\sum F_{ix} = 0, \quad \sum F_{iy} = 0 \tag{2-10}$$

式(2-10)是平面汇交力系的平衡方程,可以求解两个未知量。

例 2-2 简易起重装置如图 2-5(a)所示,横梁 OA 重量不计,受钢索 BC 和固定铰链 O 约束。已知:$OB = AB$,$\vartheta = 45°$,起吊重物的重量 $G = 5$ kN。求:钢索 BC 的拉力及铰链 O 处的约束反力。

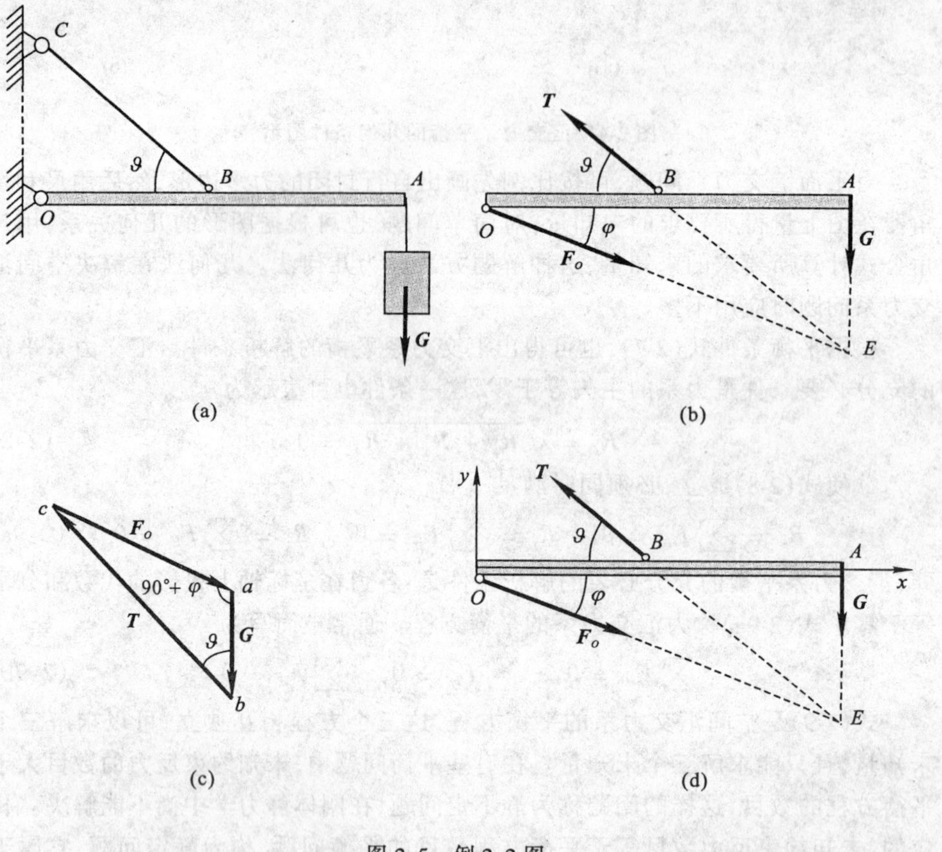

图 2-5 例 2-2 图

解 1. 选取研究对象:梁 OA。

2. 画梁 OA 的受力图:梁在 A 端受已知重物重力 $\boldsymbol{G}$ 作用,大小已知,方向

铅垂向下;在 B 点受钢索拉力 $\boldsymbol{T}$ 作用,大小未知,方向沿着 BC;在 O 点受约束反力 $\boldsymbol{F}_O$ 作用,大小未知,根据三力平衡必汇交原理,其作用线通过 $\boldsymbol{G}$、$\boldsymbol{T}$ 二力的交点 E。$\boldsymbol{G}$、$\boldsymbol{T}$ 和 $\boldsymbol{F}_O$ 构成一平面汇交力系, 如图 2-5(b)所示。

(1) 几何法求解:作封闭的力多边形如图 2-5(c)所示。按照选定的力的比例尺,先画出已知力矢,作矢 $\overrightarrow{ab}=\boldsymbol{G}$,再由 a 点作直线平行于 OE,由 b 点作直线平行于 EB,这两直线相交于点 c。由于力三角形封闭,且各力首尾相连,则由 $\boldsymbol{G}$ 的方向,定出 $\overrightarrow{ca}=\boldsymbol{F}_O$, $\overrightarrow{bc}=\boldsymbol{T}$。于是,得力的封闭三角形 abc。线段 ca、bc 分别表示力 $\boldsymbol{F}_O$ 和 $\boldsymbol{T}$ 的大小。量出它们的长度,按比例尺换算得

$$F_O = 11.2 \quad (\text{kN}),$$
$$T = 14.1 \quad (\text{kN}) \tag{1}$$

又还可根据三角公式计算,由正弦定理得

$$\frac{F_O}{\sin 45°} = \frac{T}{\sin(90° + \varphi)} = \frac{G}{\sin(45° - \varphi)} \tag{2}$$

由三角形 OAE 有

$$\varphi = \arctan\left(\frac{AE}{OA}\right) = \arctan\left(\frac{1}{2}\right) = 26.57° \tag{3}$$

所以

$$F_O = \frac{G\sin 45°}{\sin(45° - \varphi)} = \frac{G\sin 45°}{\sin(45° - 26.57°)} = 11.18 \quad (\text{kN}),$$
$$T = \frac{G\sin(90° + \varphi)}{\sin(45° - \varphi)} = \frac{G\sin(90° + 26.57°)}{\sin(45° - 26.57°)} = 14.15 \quad (\text{kN}) \tag{4}$$

在更多的情况下,几何法求解是指图解法。

(2) 解析法求解:建立坐标轴 Oxy,如图 2-5(d)所示,列平衡方程:

$$\sum F_{ix} = 0 \quad F_O\cos\varphi - T\cos\vartheta = 0 \tag{5}$$
$$\sum F_{iy} = 0 \quad T\sin\vartheta - F_0\sin\varphi - G = 0 \tag{6}$$

代入数据,解得

$$F_O = 11.18 \quad (\text{kN}), \quad T = 14.15 \quad (\text{kN}) \tag{7}$$

注意:几何法的关键是要作封闭的力多边形(本题为三角形),各力矢量一定要首尾相接;解析法的关键是要列平衡方程,特别注意力投影的正、负。

例 2-3　起重装置如图 2-6(a)所示。重物吊在钢丝绳的一端,绳的另一端跨过光滑定滑轮 A,缠绕在绞车 D 的鼓轮上。滑轮用直杆 AB、AC 支撑,A、B、C 三处均可当作光滑铰链。杆 AB 水平,其他如图所示。设重物重量 $G=2$ kN,不计滑轮和直杆重量。求重物被铅直匀速提升时杆 AB 和 AC 作用于滑轮的力。

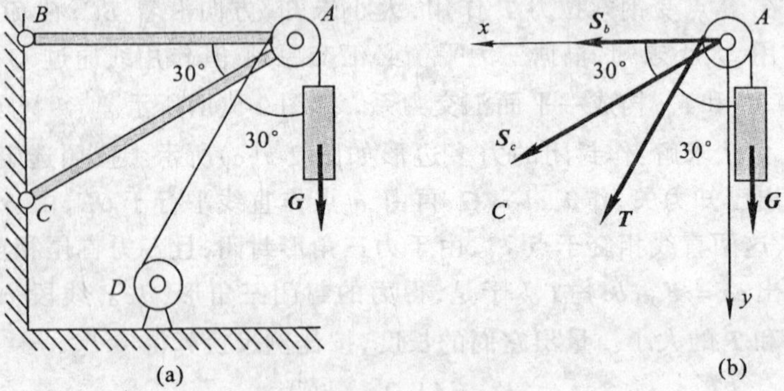

图 2-6　例 2-3 图

解　选滑轮 A 为研究对象,作出其受力图如图 2-6(b)所示。滑轮受到钢丝绳的拉力 $\boldsymbol{T}$、$\boldsymbol{G}$ 和杆 AB、AC 所作用的力 $\boldsymbol{S}_b$、$\boldsymbol{S}_c$。因滑轮是光滑的,故 $T=G$。不记杆重时,杆 AB、AC 都是二力杆,因而 $\boldsymbol{S}_b$、$\boldsymbol{S}_c$ 分别沿着连线 AB、AC。

由图 2-6(b)可见,滑轮在 $\boldsymbol{T}$、$\boldsymbol{G}$ 和 $\boldsymbol{S}_b$、$\boldsymbol{S}_c$ 四个力作用下处于平衡。若略去滑轮的大小,则此四力构成一平面汇交力系(这个条件并非必须,若考虑滑轮的大小,此四力构成一平面一般力系,但结果完全一致)。

作直角坐标系 Axy 如图,列平衡方程

$$\sum F_{ix}=0 \quad S_b+S_c\cos 30°+T\sin 30°=0 \tag{1}$$

$$\sum F_{iy}=0 \quad S_c\sin 30°+T\cos 30°+G=0 \tag{2}$$

因 $T=G$,由平衡方程的式(2)有

$$S_c=-\frac{\cos 30°+1}{\sin 30°}G=-7.464 \quad (\text{kN}) \tag{3}$$

将 $S_c=-7.464$ kN 代入平衡方程的式(1)有

$$S_b=-S_c\cos 30°-T\sin 30°=5.464 \quad (\text{kN}) \tag{4}$$

S_c 为负值,说明预先假设的指向错误,即杆 AC 实际受压。

例 2-4　重量为 P 的球用绳索挂在墙角处,绳子与铅直线夹角 $\gamma=30°$,如图所示。假设两墙面互相垂直,球与墙光滑接触。求绳的拉力和墙作用于球的反力。

解　以球为研究对象,作受力图。球受的力有:重力 $\boldsymbol{P}$,过形心向下;墙面反力 $\boldsymbol{F}_A$、$\boldsymbol{F}_B$ 分别垂直于墙面。$\boldsymbol{P}$ 和 $\boldsymbol{F}_A$、$\boldsymbol{F}_B$ 汇交于球心 C,故拉力 $\boldsymbol{T}$ 的作用线也必通过 C 点。此四力构成一空间汇交力系。作直角坐标系,oz 轴铅直,ox、oy 分

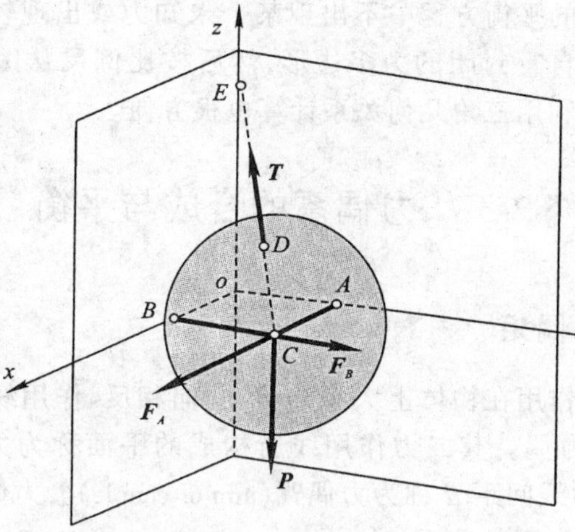

图 2-7　例 2-4 图

别与 F_A、F_B 平行如图 2-7。建立平衡方程

$$\sum F_{ix} = 0 \quad F_A - T\sin\gamma\cos 45° = 0 \tag{1}$$

$$\sum F_{iy} = 0 \quad F_B - T\sin\gamma\sin 45° = 0 \tag{2}$$

$$\sum F_{iz} = 0 \quad T\cos\gamma - P = 0 \tag{3}$$

在求拉力 $\boldsymbol{T}$ 在 ox,oy 轴上的投影时,利用了两次投影法:先将 $\boldsymbol{T}$ 向 oxy 平面上投影(为 $T\cos\gamma$),然后再向 ox、oy 轴上投影($T\sin\gamma\cos 45°$、$T\sin\gamma\sin 45°$)。由式(3)有

$$T = \frac{P}{\cos\gamma} = 1.155P \tag{4}$$

将求得的 $T = 1.155P$ 代入到式(1,2)有

$$F_A = F_B = T\sin\gamma\cos 45° = P\tan\gamma\cos 45° = 0.4083P \tag{5}$$

通常,对于空间汇交力系一般用解析法方便,在画受力图时一定要注意空间几何关系。

通过以上例题可知,平衡问题的求解过程,一般可按如下步骤进行:

(1) 选取研究对象。根据题意要求,选择适当的平衡物体作为研究对象,并画出简图。

(2) 进行受力分析。在所选取的研究对象上,画出其所受的全部已知力和未知力(包括约束反力)。

(3) 求解未知量。采用解析法时,应列出平衡方程求解。适当选取投影轴的方位,可以在相应的平衡方程中不出现某个未知力或出现较少的未知力。采用几何法时,应画出自行封闭的力多边形,然后按比例尺从图上量取所求未知量。对于力三角形,利用三角几何关系计算也很方便。

§2-3 力偶系的合成与平衡

一、力偶和力偶矩

力偶(couple) 作用在物体上大小相等、方向相反、作用线不共线的两个力所组成的力系称为力偶。其二力作用线所构成的平面称为力偶作用面(acting plane of couple),二力线间距 d 称为力偶臂(arm of couple)。力偶是一个基本的力学量。它对物体的作用效应是改变转动状态。用($\boldsymbol{F}$, $\boldsymbol{F}'$)表示,如图 2-8 所示。

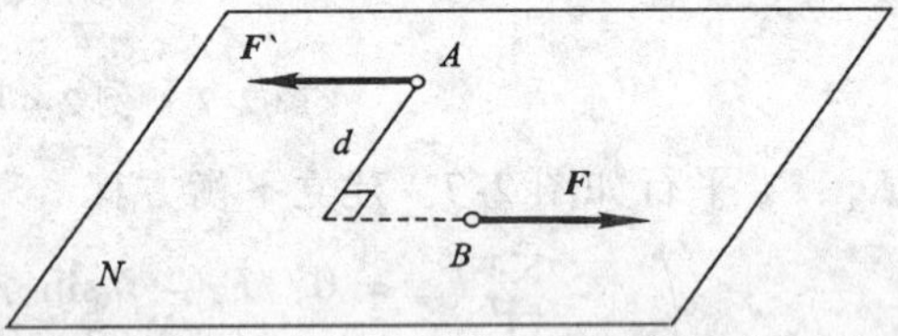

图 2-8 力偶示意图

例如,用丝锥攻螺纹时,加在丝锥绞杠上的一对彼此等值、反向、平行的力(如图 2-9(a)所示);制动器闸瓦作用在制动鼓轮的一对摩擦力(如图 2-9(b))等,都是组成力偶的例子。在力偶作用下,丝锥绞杠将绕螺纹轴转动,制动鼓轮在摩擦力偶的作用下,将减速转动以至静止。这些都是力偶应用的例子。

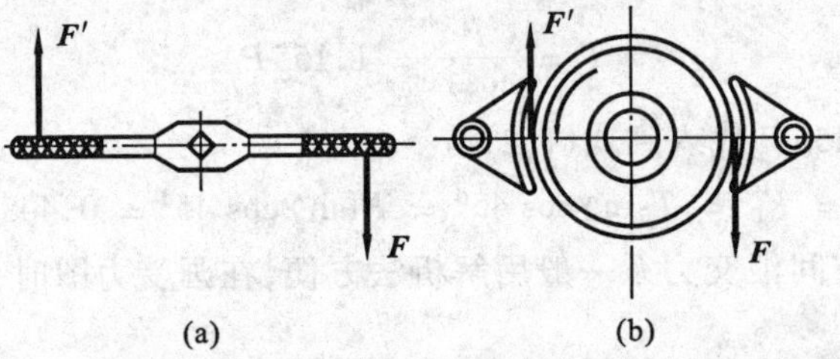

图 2-9 工程中应用力偶的例子

1. 力偶矩

设有力偶($\boldsymbol{F}$,$\boldsymbol{F}'$),力 $\boldsymbol{F} = -\boldsymbol{F}'$分别作用于刚体的 A、B 两点,如图 2-10 所示。现计算该力偶对任意点 O 的矩。自点 O 分别向力 $\boldsymbol{F}$、$\boldsymbol{F}'$ 的作用点 A、B 引矢径 $\boldsymbol{r}_{OA}$ 和 $\boldsymbol{r}_{OB}$,自点 B 向点 A 引矢径 $\boldsymbol{r}_{BA}$。将式(1-10)推广到多个力的情形,则

力偶对点 O 之矩为

$$\begin{aligned}\boldsymbol{M}_O &= \boldsymbol{M}_O(\boldsymbol{F}) + \boldsymbol{M}_O(\boldsymbol{F}') \\ &= \boldsymbol{r}_{OA} \times \boldsymbol{F} + \boldsymbol{r}_{OB} \times \boldsymbol{F}' \\ &= \boldsymbol{r}_{OA} \times \boldsymbol{F} - \boldsymbol{r}_{OB} \times \boldsymbol{F} \\ &= (\boldsymbol{r}_{OA} - \boldsymbol{r}_{OB}) \times \boldsymbol{F} \\ &= \boldsymbol{r}_{BA} \times \boldsymbol{F} \\ &= \boldsymbol{r}_{AB} \times \boldsymbol{F}'\end{aligned}$$

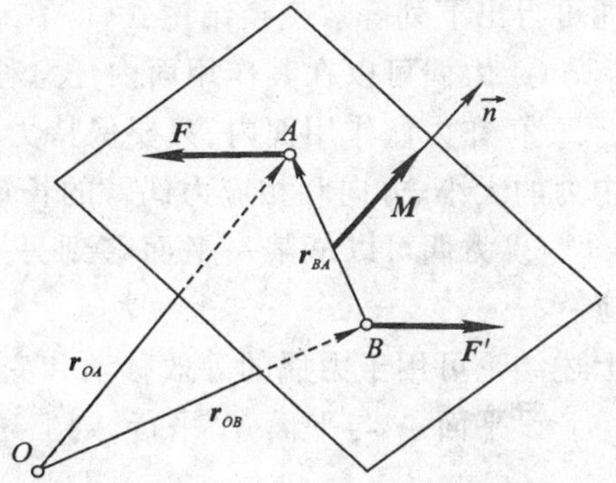

图 2-10　力偶矩 $\boldsymbol{M}$ 的计算

即,力偶($\boldsymbol{F}, \boldsymbol{F}'$)对任意点 O 的矩与 O 点位置无关,为常矢量。定义力偶矩(moment of couple)

$$\boldsymbol{M} = \boldsymbol{r}_{BA} \times \boldsymbol{F} = \boldsymbol{r}_{AB} \times \boldsymbol{F}' \tag{2-11}$$

力偶矩是一个矢量,也称为力偶矩矢。

力偶矩矢(moment vector of couple)$\boldsymbol{M}$ 的方位垂直于力偶作用面,矢的指向按右手螺旋规则确定(在力偶作用面内,右手四指握拢,并使之与力偶转向一致,则拇指的指向就是力偶矩矢的指向,如图 2-10 所示,$\vec{n}$ 为力偶作用面的法向)。又力偶($\boldsymbol{F}, \boldsymbol{F}'$)对任意点 O 的矩恒等于力偶矩,所以力偶矩矢 $\boldsymbol{M}$ 可在刚体的任意点画出。对刚体而言,力偶矩矢量是自由矢量。

力偶($\boldsymbol{F}, \boldsymbol{F}'$)的主矢 $\boldsymbol{R}' = \boldsymbol{F} + \boldsymbol{F}' \equiv 0$,即力偶无合力,力偶不能与单个力等效。力偶($\boldsymbol{F}, \boldsymbol{F}'$)能改变刚体的转动状态,即力偶不是一个平衡力系。

力偶矩的大小为

$$M = |\boldsymbol{M}| = Fd \tag{2-12}$$

式中,d 为力偶臂(见图 2-8),单位为 N·m。

综合有:力偶的主矢恒等于零,它对任意点的矩恒等于力偶矩。力偶是一种特殊的非零力系,它对刚体的作用是改变刚体的转动状态,其作用效果只取决于力偶矩的大小、转向和力偶作用面方位,即取决于力偶矩矢量 $\boldsymbol{M}$。

力偶矩的大小、转向和方位,称为力偶的三要素。

2. 力偶的等效

力偶不能与单个力等效,力偶只能与力偶等效。因力偶的主矢恒等于零,而力偶矩(或力偶矩矢)相等的两个力偶对同一任意点的矩相等,反之亦然。由此有:作用于刚体上的两个力偶等效的充分必要条件是,它们的力偶矩(或力偶矩矢)相等。

根据上述力偶等效条件以及力偶矩矢量为滑动矢量,对作用于刚体上的力偶可得出下列等效变换结论：

① 力偶可以在其作用面内任意移动，而不改变它对刚体的作用效应。

② 在力偶作用面内，只要保持力偶矩大小和转向不变，可以任意改变力偶中力的大小、方向和相应力偶臂的长短，而不改变它对刚体的作用效应。

③ 力偶可以从某一平面移到另一平行平面，而不改变它对刚体的作用效应。

上述结论可用于力偶的等效移动和变换。

设平面 N 与平面 N_1 平行，则上述推论如图 2-11 所示。

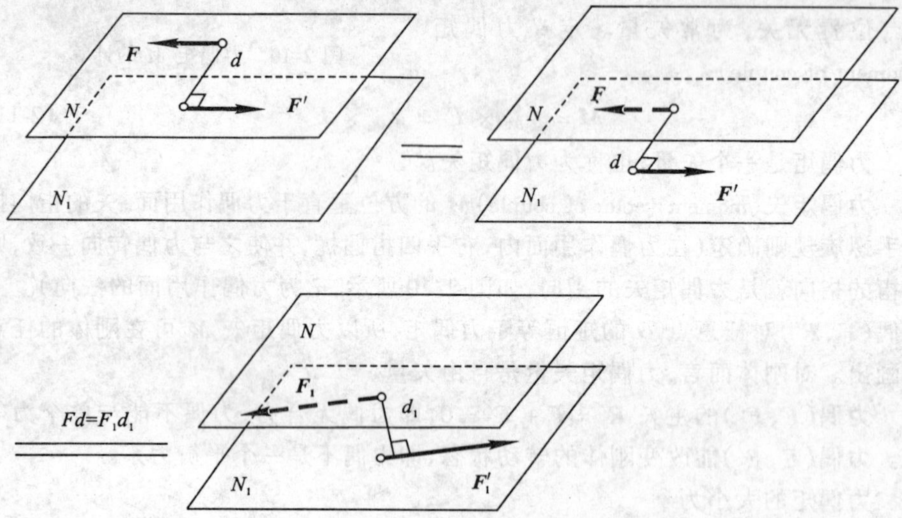

图 2-11　等效力偶示意图

注意：上述推论对变形体并不适用，因力偶移动后对物体的变形效应不等效。

3. 力偶系

作用在刚体上的一组力偶称为力偶系(system of couples)，单个力偶是最简单的力偶系。因力偶矩矢量是自由矢量，则力偶系中各个力偶矩矢均可等效移动到刚体内的任一公共点。按作用面方位是否相同，力偶系可分为空间力偶系和平面力偶系。

4. 空间力偶系

力偶作用面方位不完全相同的力偶系称为空间力偶系。

5. 平面力偶系

对刚体而言,力偶作用面相互平行的力偶系,或共面力偶系称为平面力偶系。因力偶作用面相互平行的力偶系可简化为共面力偶系,则以下关于平面力偶系的讨论仅对共面力偶系进行。

单个力偶即可看为空间力偶,亦可看为平面力偶。

对于平面力偶系,由于各力偶共面,即作用面方位已定。在此作用面内的力偶对刚体的作用效应可用代数量来衡量,即取决于该力偶矩的大小和转向。

因此规定:平面力偶的力偶矩是代数量,力偶在作用面内逆时针转向时力偶矩为"+",顺时针转向时力偶矩为"-"。即平面力偶的力偶矩为

$$M = \pm Fd \tag{2-13}$$

对平面力偶,力偶可简单表示,弧线上的箭头表示力偶的转向,并标注力偶矩的数值,如图 2-12 所示。当标注的数值大于零时,力偶的实际转向与弧线上的箭头方向一致;当标注的数值小于零时,力偶的实际转向与弧线上的箭头方向相反。

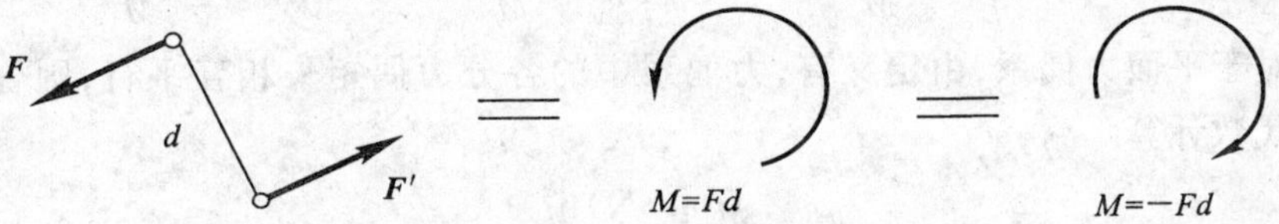

图 2-12　平面力偶表示

二、力偶系的合成

力偶不能与单个力等效,因此,力偶系亦不能与单个力等效。当一个力偶系与一个力偶等效时,称该力偶是这个力偶系的合力偶。

设作用于刚体上的力偶系由空间 n 个力偶组成,它们的力偶矩矢分别为 $\boldsymbol{M}_1$、$\boldsymbol{M}_2$、$\boldsymbol{M}_3$、…、$\boldsymbol{M}_n$。可以证明:空间力偶系一般可以合成为一个力偶,合力偶矩亦是一个矢量,合力偶矩矢 $\boldsymbol{M}$ 等于各分力偶矩矢的矢量和,即

$$\boldsymbol{M} = \boldsymbol{M}_1 + \boldsymbol{M}_2 + \boldsymbol{M}_3 + \cdots + \boldsymbol{M}_n = \sum \boldsymbol{M}_i \tag{2-14}$$

合力偶与原力偶系等效,二者对刚体的作用效果相同。

与汇交力系的合成一样,在实际计算式(2-14)时,可使用几何法或解析法对力偶系进行合成。

(1) 几何法:与力的几何法相似,将力偶系中各分力偶矩矢按首尾顺序连接,则尾端与第一个分力偶矩矢尾端连接,而首端与最后一个分力偶矩矢首端连

接的矢量就是合力偶矩矢 $\boldsymbol{M}$,参见图 2-1。这样做成的多边形称为力偶系合成的多边形,合力偶矩矢是该多边形的封闭边。

通常,力偶系合成的多边形为一空间封闭折线。但当力偶系中各分力偶矩矢可等效移动到同一平面内时,力偶系合成的多边形为一平面多边形,平面力偶系就是其中的一种特殊情形,此时的平面多边形的各边共线。

(2) 解析法:设有直角坐标系 $oxyz$ 和坐标单位矢量 $\boldsymbol{i}$、$\boldsymbol{j}$、$\boldsymbol{k}$,则有

$$\boldsymbol{M} = M_x\boldsymbol{i} + M_y\boldsymbol{j} + M_z\boldsymbol{k} \tag{2-15}$$

式中:M_x、M_y、M_z 是合力偶矩矢 $\boldsymbol{M}$ 在坐标轴 x、y、z 上的投影,分别为

$$M_x = \sum M_{ix}, \quad M_y = \sum M_{iy}, \quad M_z = \sum M_{iz} \tag{2-16}$$

则有合力偶矩矢 $\boldsymbol{M}$ 的大小为:

$$M = \sqrt{M_x^2 + M_y^2 + M_z^2} \tag{2-17}$$

合力偶矩矢 $\boldsymbol{M}$ 的方向余弦为:

$$\cos(\boldsymbol{M},\ \boldsymbol{i}) = \frac{M_x}{M}, \quad \cos(\boldsymbol{R},\boldsymbol{j}) = \frac{M_y}{M}, \quad \cos(\boldsymbol{R},\boldsymbol{k}) = \frac{M_z}{M} \tag{2-18}$$

对于平面力偶系,由定义有,力偶系中的各分力偶矩矢相互平行,则合力偶矩可代数计算

$$M = \sum M_i \tag{2-19}$$

即,平面力偶系的合力偶矩等于各分力偶矩的代数和。

例 2-5　如图 2-13(a)所示,在直角三棱柱的 ABC 和 $AEDC$ 面分别作用两力偶 $\boldsymbol{M}_1$ 和 $\boldsymbol{M}_2$。已知:$M_1 = 0.8$ kN·m, $M_2 = 1.0$ kN·m, $AB = 40$ cm, $BC = 30$ cm, $CD = 40$ cm。求:合力偶矩的大小和方向。

解　因 $\boldsymbol{M}_1$ 垂直于 $\boldsymbol{M}_2$,建立空间坐标系 $Bxyz$,如图 2-13(b)。由几何关系有

$$\cos\vartheta = 0.8, \qquad \sin\vartheta = 0.6$$

则有

$$\begin{aligned}\boldsymbol{M} &= \boldsymbol{M}_1 + \boldsymbol{M}_2 \\ &= M_x\boldsymbol{i} + M_y\boldsymbol{j} + M_z\boldsymbol{k} \\ &= M_1\boldsymbol{i} + 0.8M_2\boldsymbol{j} + 0.6M_2\boldsymbol{k} \\ &= 0.8\boldsymbol{i} + 0.8\boldsymbol{j} + 0.6\boldsymbol{k} \quad (\text{kN}\cdot\text{m})\end{aligned} \tag{1}$$

合力偶矩矢 $\boldsymbol{M}$ 的大小为

$$M = \sqrt{0.8^2 + 0.8^2 + 0.6^2} = 1.281 \quad (\text{kN}\cdot\text{m}) \tag{2}$$

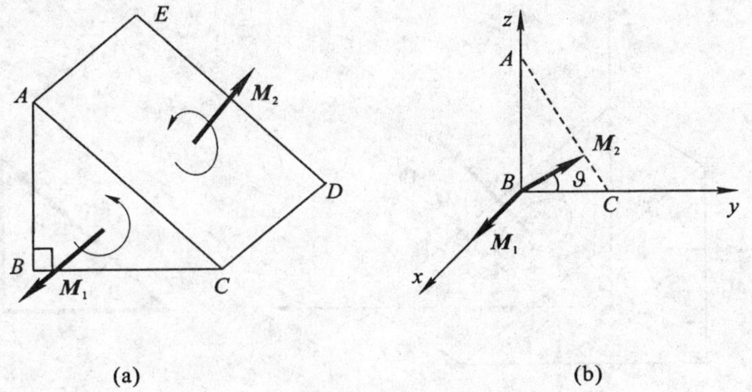

图 2-13　例题 2-5 图

合力偶矩矢 $\boldsymbol{M}$ 方向：由

$$\cos\alpha = \cos\beta = \frac{0.8}{1.281} = 0.625,\ \cos\gamma = \frac{0.6}{1.281} = 0.468$$

有

$$\alpha = \beta = 51.37°,\gamma = 62.09° \tag{3}$$

式中：α、β 和 γ 分别是合力偶矩矢 $\boldsymbol{M}$ 与坐标轴 x、y、z 的夹角。

三、力偶系的平衡

力偶系一般合成为一个合力偶，力偶系成为零力系等同于合力偶矩为零矢量。所以，力偶系平衡的充分与必要条件是：力偶系中各分力偶矩的矢量和等于零。按式(2-14)，这一条件可表示为

$$\boldsymbol{M} = \boldsymbol{M}_1 + \boldsymbol{M}_2 + \boldsymbol{M}_3 + \cdots + \boldsymbol{M}_n = \sum \boldsymbol{M}_i = 0 \tag{2-20}$$

对空间力偶系，由式(2-16)，式(2-20)可写成如下 3 个投影方程

$$\sum M_{ix} = 0,\quad \sum M_{iy} = 0,\quad \sum M_{iz} = 0 \tag{2-21}$$

式(2-21)是空间力偶系的三个平衡方程，可求解三个未知量。

对平面力偶系，由式(2-20)，式(2-21)退化为如下的代数方程

$$\sum M_i = 0 \tag{2-22}$$

式(2-22)是平面力偶系的平衡方程，可求解一个未知量。

例 2-6　如图 2-14(a)所示，在三棱柱体的三个侧面上各受一力偶的作用，其力偶矩矢量各为 $\boldsymbol{M}_1$、$\boldsymbol{M}_2$ 和 $\boldsymbol{M}_3$。已知 $M_1 = 100\ \text{N·m}$，$\vartheta = 45°$。问要保持物体平衡，$\boldsymbol{M}_2$ 和 $\boldsymbol{M}_3$ 的大小各为多少？

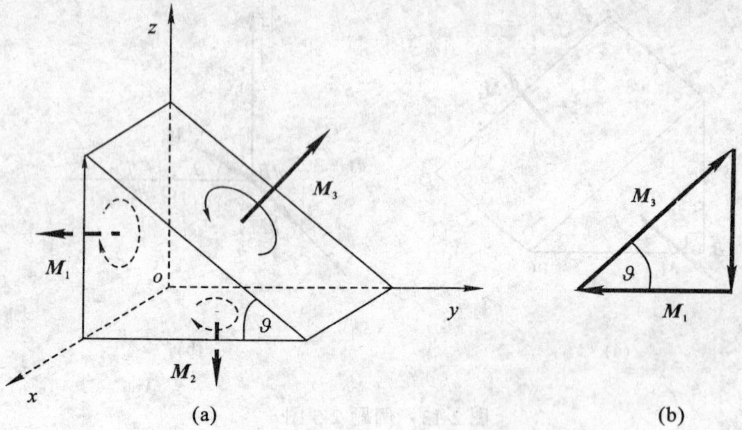

图 2-14　例题 2-6 图

解　解析法求解　建立坐标系如图 2-14(a)所示,在该坐标系下,各力偶矩矢表示为

$$\boldsymbol{M}_1 = 0\boldsymbol{i} - M_1\boldsymbol{j} + 0\boldsymbol{k}$$

$$\boldsymbol{M}_2 = 0\boldsymbol{i} + 0\boldsymbol{j} - M_2\boldsymbol{k}$$

$$\boldsymbol{M}_3 = 0\boldsymbol{i} + M_3\cos45°\boldsymbol{j} + M_3\sin45°\boldsymbol{k} \tag{1}$$

根据力偶系平衡条件(2-21)得:

$$\sum M_{iy} = 0 \quad -M_1 + M_3\cos45° = 0 \tag{2}$$

$$\sum M_{iz} = 0 \quad -M_2 + M_3\sin45° = 0 \tag{3}$$

$$\sum M_{ix} \equiv 0 \tag{4}$$

其中,由于 $\boldsymbol{M}_1$、$\boldsymbol{M}_2$ 和 $\boldsymbol{M}_3$ 在 x 轴上的投影均为零,所以 $\sum M_{ix} = 0$。由式(2,3)解得:

$$M_3 = 141.4\ (\mathrm{N\cdot m}),\ M_2 = 100\ (\mathrm{N\cdot m})$$

几何法求解　由矢量合成的多边形法则,作力偶矩矢的多边形如图 2-14(b)所示。由于各分力偶矩矢 $\boldsymbol{M}_1$、$\boldsymbol{M}_2$ 和 $\boldsymbol{M}_3$ 可等效移动到同一平面,例如 oyz 平面,则力偶矩矢的多边形为一平面三角形。由三角公式得:

$$M_2 = M_1 = 100\ (\mathrm{N\cdot m}),\quad M_3 = \sqrt{2}M_1 = 141.4\ (\mathrm{N\cdot m}) \tag{5}$$

例 2-7　如图 2-15(a)所示结构中,构件 AB 为四分之一圆弧,其半径为 r,构件 BDC 为直角折杆,BD 垂直于 CD,其上作用一力偶 $\boldsymbol{M}$,该力偶的力偶矩数值为 M,已知尺寸 $l = 2r$。试:

1. 画出两构件的受力图；2. 求铰 A、C 的约束力。

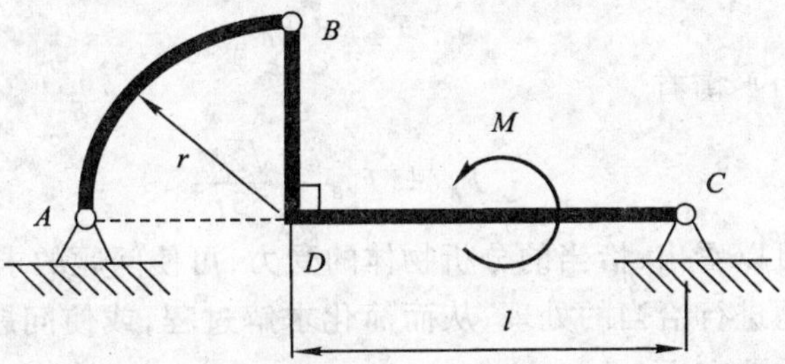

(a)

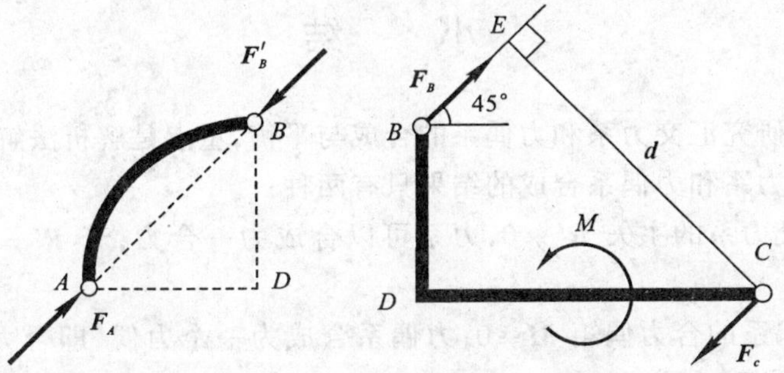

(b)　　(c)

图 2-15　例题 2-7 图

解　1. 画构件 AB、BDC 的受力图。如图 2-15(b)所示，AB 为二力构件，力 $\boldsymbol{F}_A$、$\boldsymbol{F}'_B$ 必沿 AB 连线方向。再注意作用力与反作用力关系，定出 BDC 上 $\boldsymbol{F}_B$ 的方向。根据力偶的性质：BDC 上作用有力偶 $\boldsymbol{M}$，力偶 $\boldsymbol{M}$ 只能与力偶平衡，所以 $\boldsymbol{F}_B$ 与 $\boldsymbol{F}_C$ 必构成反方向力偶才能与 $\boldsymbol{M}$ 平衡，如图 2-15(c)所示。

2. 求铰 A、C 的约束反力。对 BDC，由力偶($\boldsymbol{F}_B$，$\boldsymbol{F}_C$)有

$$F_B = F_C, \qquad d = \overline{CE} = 3r\cos 45° \tag{1}$$

其中 d 为力偶($\boldsymbol{F}_B$，$\boldsymbol{F}_C$)的力偶臂，则力偶($\boldsymbol{F}_B$，$\boldsymbol{F}_C$)的力偶矩为

$$M_{BC} = -F_C d \tag{2}$$

力偶 $\boldsymbol{M}$ 与力偶($\boldsymbol{F}_B$，$\boldsymbol{F}_C$)构成平面力偶系，由式(2-22)有

$$\sum M_i = 0 \qquad M - F_C d = 0 \tag{3}$$

解得

$$F_C = F_B = \frac{M}{d} = \frac{M}{3r\cos 45°} = \frac{\sqrt{2}M}{3r} \tag{4}$$

$\boldsymbol{F'}_B$ 与 $\boldsymbol{F}_B$ 为作用力与反作用力,有

$$F'_B = F_B \tag{5}$$

对 AB,由二力平衡有

$$F_A = F'_B = \frac{\sqrt{2}M}{3r} \tag{6}$$

从上例可以看出:恰当的分析物体的受力,可使问题的求解得到简化。对具体的力学问题进行恰当的处理,从而简化求解过程,或使问题可解,是工程力学学习的一个重要方面。

小　结

1. 本章研究汇交力系和力偶系的合成与平衡,重点是解析法解平衡问题。

2. 汇交力系和力偶系合成的结果只有两种:

(1) 汇交力系的主矢 $\boldsymbol{R}' \neq 0$,力系可以合成为一合力;若 $\boldsymbol{R}' = 0$,则力系平衡。

(2) 力偶系的合力偶矩 $\boldsymbol{M} \neq 0$,力偶系合成为一个力偶,即合力偶;若 $\boldsymbol{M} = 0$,则力偶系平衡。

3. 汇交力系和力偶系的合成:$\boldsymbol{R} = \sum \boldsymbol{F}_i$,$\boldsymbol{M} = \sum \boldsymbol{M}_i$。

(1) 几何法:将汇交力系(或力偶系)中各力矢(或力偶矩矢)依次首尾相连,作力(或力偶矩矢)的多边形。合力(或合力偶矩矢)的大小和方向由该多边形的封闭边表示。

(2) 解析法:用投影分量表示汇交力系(或力偶系)中各力矢(或力偶矩矢),并由此计算合力矢(或合力偶矩矢)的方法是解析法。详见本章的式(2-3)~(2-6)和式(2-16)~(2-19)。解析法合成是重点。

4. 汇交力系和力偶系平衡的充分必要条件是:$\boldsymbol{R} = \sum \boldsymbol{F}_i = 0$,$\boldsymbol{M} = \sum \boldsymbol{M}_i = 0$。求解:

(1) 几何法:作自行封闭的力(或力偶矩矢)多边形。

(2) 解析法:列平衡方程。

空间汇交力系　$\sum F_{ix} = 0$,　$\sum F_{iy} = 0$,　$\sum F_{iz} = 0$,可求三个未知量;

平面汇交力系　$\sum F_{ix} = 0$,　$\sum F_{iy} = 0$,可求两个未知量;

空间力偶系　$\sum M_{ix} = 0$,　$\sum M_{iy} = 0$,　$\sum M_{iz} = 0$,可求三个未知

量;

平面力偶系　　$\sum M_i = 0$,　可求一个未知量。

5. 力偶与力偶的性质:

(1) 大小相等、方向相反、作用线平行(不重合)的两个力组成的力系叫力偶。力偶是力学中的一个基本力学量。

(2) 力偶对刚体的作用效应取决于力偶三要素:力偶矩的大小、转向和方位。力偶矩是矢量,也称为力偶矩矢。

(3) 力偶在任意轴上的投影都等于零,它对任一点的矩都等于力偶矩,力偶矩是常矢量。对平面力偶,力偶矩是标数。

(4) 力偶不与一个力平衡,只能与另一个力偶平衡。

(5) 对于刚体,力偶矩矢是自由矢量,在保持力偶矩矢不变的条件下,力偶可在刚体内自由移动,并可同时变更其力的大小与力偶臂的长短。

习　题

2-1　试证明:力偶对一轴的矩等于力偶矩矢在该轴上的投影。

2-2　图示四个平面共点力作用于物体的 O 点。已知 $F_1 = F_2 = 200$ N, $F_3 = 300$ N, $F_4 = 400$ N;力 $\boldsymbol{F}_1$ 水平向右。试分别用几何法和解析法求它们的合力的大小和方向。

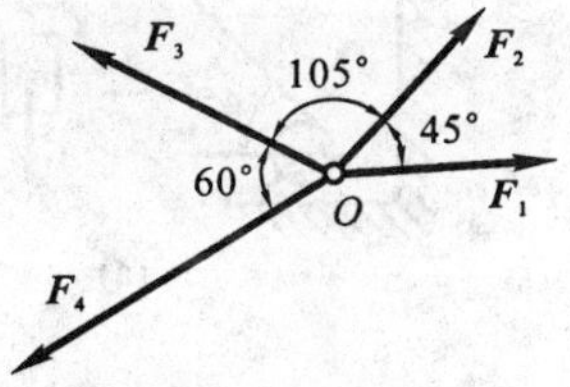

题 2-2 图

2-3　五个空间共点力作用于正立方体的顶点 O,如图所示。已知 $F_1 = 400$ N, $F_2 = 100$ N, $F_3 = 300$ N, $F_4 = 150$ N, $F_5 = 200$ N。求它们的合力的大小和方向。

2-4　如图所示,$\boldsymbol{F}_R$ 是平面共点力系 $\boldsymbol{F}_1$、$\boldsymbol{F}_2$、$\boldsymbol{F}_3$ 的合力。已知 $F_1 = 3$ kN, $F_2 = 4$ kN, $F_R = 10$ kN, $\theta = 30°$。求力 $\boldsymbol{F}_3$ 的大小和方向。

2-5　简易起重装置如图(a)、(b)、(c)所示。如 A、B、C 三处均可简化为光滑铰链连接,各杆和滑轮的自重可以不计;起吊重量 $G = 2$ kN。求直杆 AB、AC 所受力的大小,并说明其受拉还是受压。

2-6　图示支架由直杆 AB、AC 用光滑铰链连接而成,杆重不计。在节点 A 受到位于支架平面内的三个力作用:$F_1 = 400$ N, $F_2 = 300$ N, $F_3 = 700$ N。求杆

AB、AC 所受力的大小,并说明其受拉还是受压。

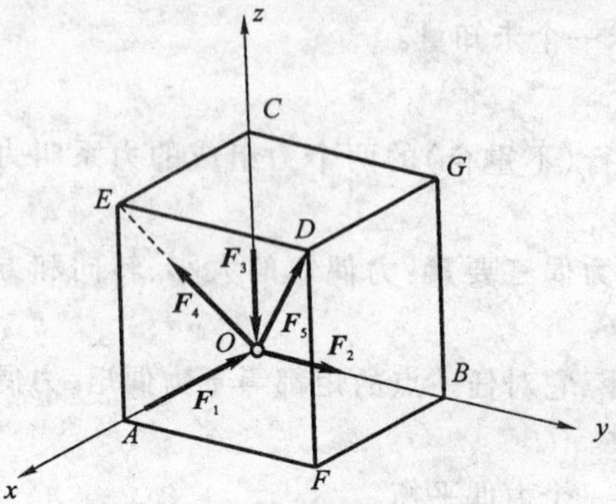

题 2-3 图

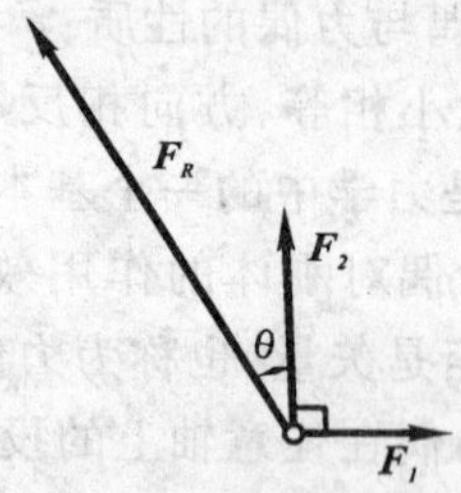

题 2-4 图

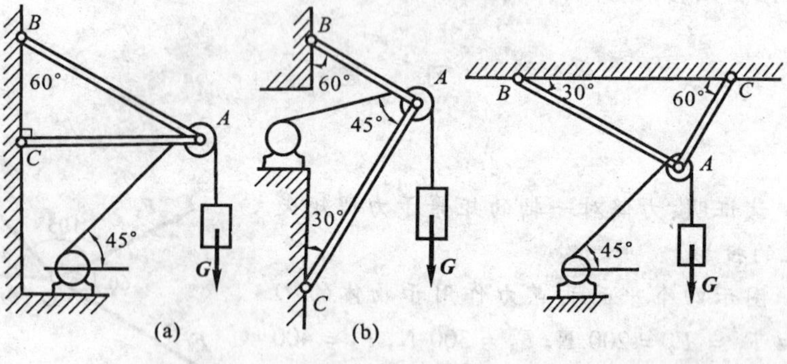

题 2-5 图

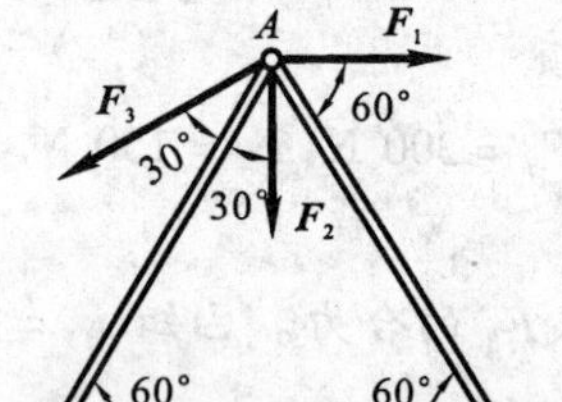

题 2-6 图

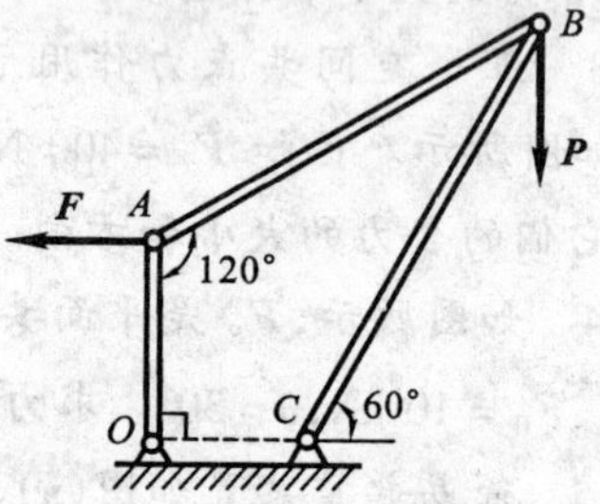

题 2-7 图

2-7　连杆机构 $OABC$ 受铅直力 $\boldsymbol{P}$ 和水平力 $\boldsymbol{F}$ 作用而在图示位置平衡。已知 $P=4$ kN,不计连杆自重,求力 $\boldsymbol{F}$ 的大小。

2-8　图示为某种机床工作台夹紧机构的简图。当滚子 1 受到水平力 F_1 作用时,滚子 1、2、3 相互压紧,滚子 3 向上顶住机床导轨而产生压紧力 F_2。已知 $r = 8$ mm, $R = 10$ mm, $h = 22$ mm, $F_1 = 10$ kN。试求压紧力的值。

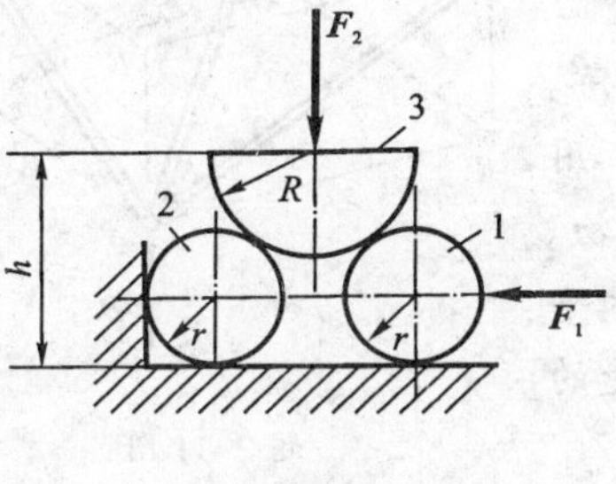

题 2-8 图

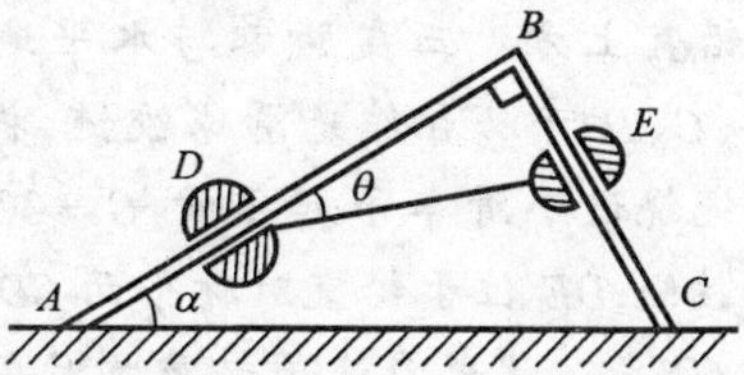

题 2-9 图

2-9　两个小球 D、E,重量分别为 P、G,穿在折成直角的光滑细杆 ABC 上,如图所示。小球 间用细线相连。已知 AB 与水平面夹角为 α,试求平衡时 DE 和 AB 间所成的角度 θ,以及细线拉力的值。

2-10　直杆 OA、OB、OC 用光滑球铰链连接成支架,如图(a)、(b)、(c)所示。平面 ABC 和平面 AOD 都是铅直的,而且相互垂直。图上长度单位为 mm。在球铰链 O 上挂有重量 $G = 5$ kN 的重物。杆重可以略去。求三根直杆所受力的大小,并说明其受拉还是受压。

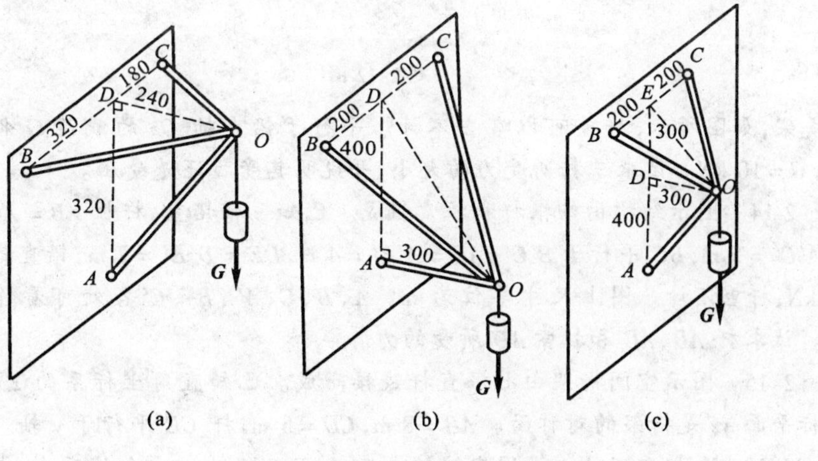

题 2-10 图

2-11　直杆 AB、AC、AD 用光滑球铰链连接成支架,如图所示。A、B、C、D 正好位于边长为 $2b \times 2b \times b$ 的长方体的顶点上。在 A 点受到沿棱边 EA 的已知

力 P 的作用,大小已知。设杆重不计,求三根直杆所受力的大小,并说明其受拉还是受压。

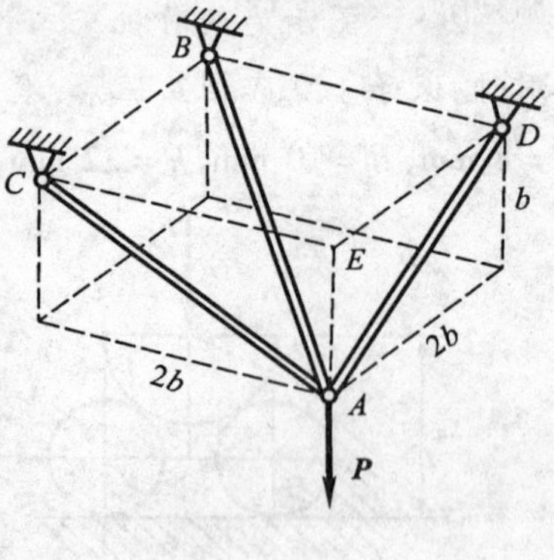

题 2-11 图

2-12 起重三脚架如图所示。ABC 在水平面中形成一等边三角形,D 点正在此三角形重心 H 的铅直上方。三支脚都与水平地面成 60°角。A、B、C、D 可以看作光滑球铰链,杆重不计。用钢丝绳绕过小滑车吊起重量 $G=30$ kN 的重物。设钢丝绳 DE 位于铅直对称平面 CDH 内,与水平面成 60°角。试求匀速吊起重物时各支脚所受的力。

2-13 直杆 AD、BD、CD 用光滑球铰链连接成支架,如图所示,杆重可以略去不计。平行于铅直轴 Oz 的载荷 G 作用于 D 点,$G=10$ kN。试求三杆所受力的大小,并说明其受拉还是受压。

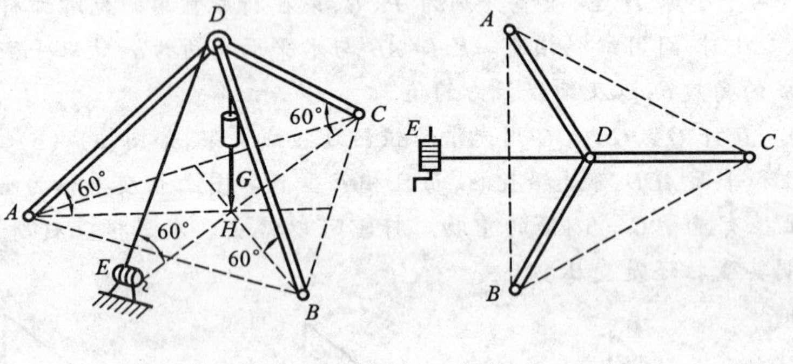

题 2-12 图

2-14 图示结构由四根杆和拉索组成。已知 z 轴铅直,杆长 $AB=AC=A'B'=A'C'=5$ m,BC 平行于 $B'C'$,$AE=A'E'=4$ m,$DE=D'E'=2$ m,铅直载荷 $P=30$ kN,杆重不计。图上尺寸单位为 m。A、B、C、A'、B'、C' 各处可看作铰链连接。试求杆 AB、AC 和拉索 AD 所受的力。

2-15 图示空间桁架由七根直杆铰接而成。已知直角坐标系的 z 轴铅直,坐标平面 yz 是桁架的对称面。$AB=8$ m,$CD=5$ m,杆 CE 平行于 y 轴。铅直载荷 $P=10$ kN,杆重不计。设固定铰链支座 A、B 不产生 x 方向的反力,求各杆所受的力。(提示:可先后考察 D、C、A 各节点的平衡条件)。

2-16 用多轴钻床在一工件上同时钻出四个直径相同的孔。每一钻头作用于工件的钻削力偶,其矩的估值为 $M=15$ N·m。求作用于工件的总的钻削力偶

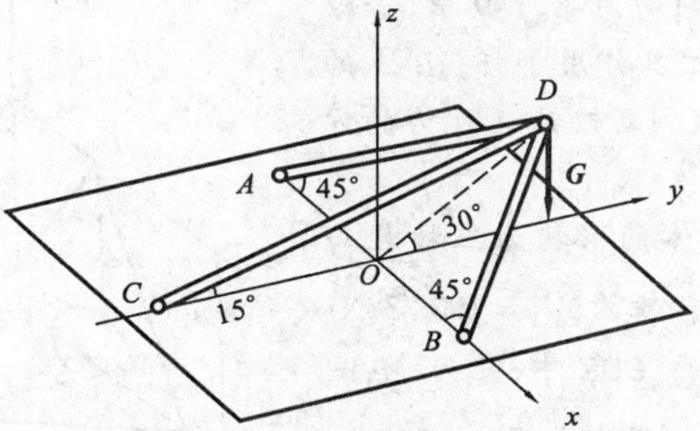

题 2-13 图

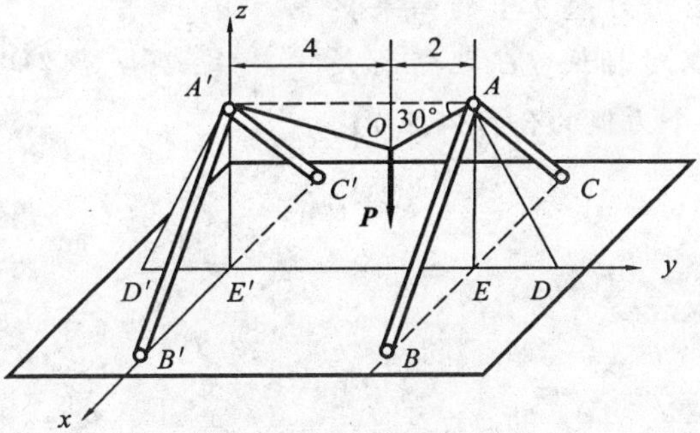

题 2-14 图

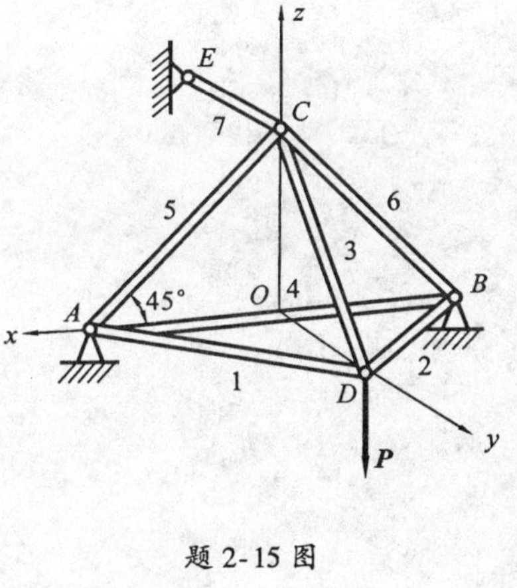

题 2-15 图

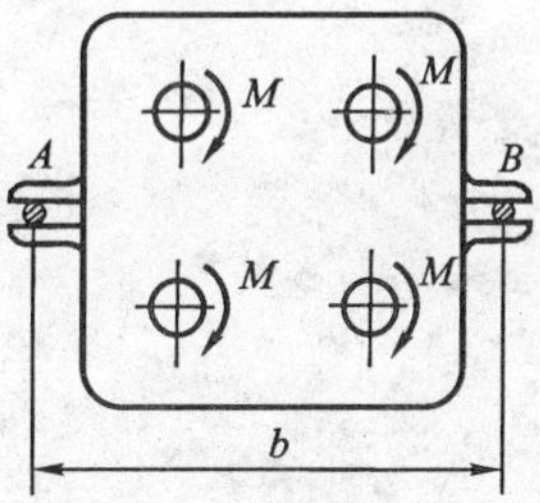

题 2-16 图

矩。如工件用两个圆柱销钉 A、B 来固定，$b=0.2$ m。设钻削力偶矩由销钉的反力来平衡，求销钉 A、B 反力的大小。

2-17 在习题1-7,1-8,1-9中,若除去力 **P** 或 **F**,而代之以作用于杆 AB 上的顺时针方向力偶,试判断铰链 A 反力的方向。

2-18 图示物体的形状为三棱柱与三棱锥所组成。已知矩为 $M_1 = 100\sqrt{3}$ N·m的力偶作用在平面 CDE 中,矩为 $M_2 = 100\sqrt{2}$ N·m的力偶作用在平面 $ABCD$ 中,转向如图所示。求:(1)每个力偶对各坐标轴的矩(提示:应用习题2-1的结果);(2)矩为 M_2 的力偶对轴线 EC 之矩的大小和转向;(3)这两个力偶的合力偶矩 **M**。

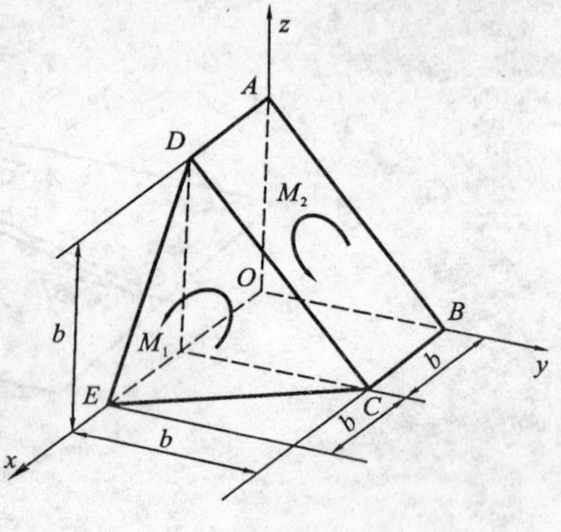

题2-18图

第三章　平面一般力系

本章研究平面一般力系的简化和平衡。力系中各力作用线位于同一平面内,但不汇交于一点的力系称为平面一般力系,平面平行力系是其中的特殊形式。平面一般力系在理论上既包含了力系平衡与简化的全部内涵,又比空间一般力系简单得多。在应用上,平面一般力系具有非常广泛的工程背景,很多工程实际问题都可简化成这类问题。因此,平面一般力系是静力学学习的重点。

§3-1　概述与工程实例

在工程实际中,当作用在物体上的力都分布在同一平面内,或近似地分布在同一平面内,但它们的作用线又不汇交于一点的问题,都属于平面一般力系问题(Coplanar general force system)。例:如图3-1所示的曲柄连杆机构,受力 $\boldsymbol{P}$、力偶 M,以及约束反力 $\boldsymbol{F}_x$、$\boldsymbol{F}_y$ 和 $\boldsymbol{F}_N$ 作用;又如图3-2所示的梁,受载荷 $\boldsymbol{P}$、重力 $\boldsymbol{Q}$,以及约束反力 $\boldsymbol{F}_{xA}$、$\boldsymbol{F}_{yA}$ 和 $\boldsymbol{F}_B$ 作用。这两个都是平面一般力系的例子。

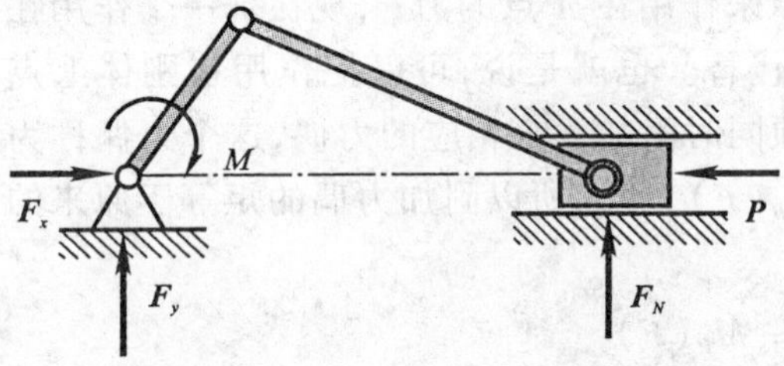

图3-1　曲柄连杆机构

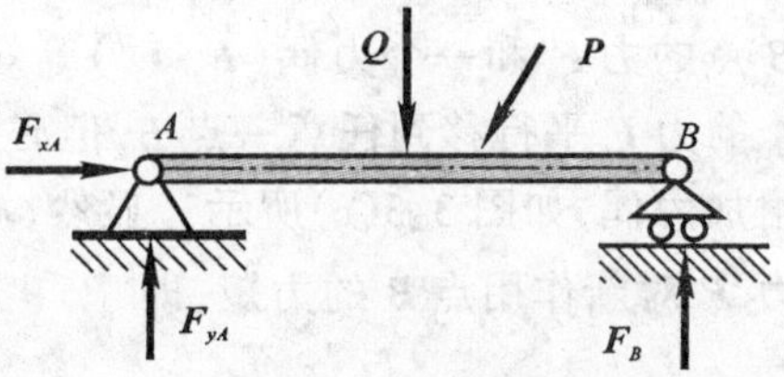

图3-2　工程中梁

当物体所受的力对称于某一平面时,也可以简化为平面一般力系问题来研究。例如,飞机在一般的飞行情况下,受到分布于机翼和尾舵上的升力、发动机的牵引力、空气阻力和重力等作用,这些力都对称于通过其重心的纵向铅直平面,因此可以将原力系简化到该平面,作为平面一般力系来处理。

§3-2 平面一般力系向作用面内一点简化

在研究平面一般力系的合成时,可以用两力合成的方法依次进行。即任选力系中的两个力,如 $\boldsymbol{F}_1$ 和 $\boldsymbol{F}_2$,用平行四边形法则将它们向汇交点合成为 $\boldsymbol{R}_1$,然后再用力系中的 $\boldsymbol{F}_3$ 与 $\boldsymbol{R}_1$ 合成得 $\boldsymbol{R}_2$,依次进行,最后得到合成结果,或合成为一个合力,或得到一个力偶,或原力系为平衡力系。但这个方法既不方便,也不普遍。具有实际意义的方法是将力系分解为平面汇交力系和平面力偶系,即力系向作用面内一点简化。然后再对简化结果进行讨论。而力系向作用面内一点简化是以力线平移为基础的。

一、力线平移定理(Theorem of translation of a force)

力线平移定理 作用在刚体上 A 点的力 $\boldsymbol{F}$ 可以被平行移到任意一点 B,但必须同时附加一个力偶,这个附加力偶的矩等于原来的力 $\boldsymbol{F}$ 对新作用点 B 的力矩。

证明 如图 3-3(a)所示,力 $\boldsymbol{F}$ 作用于刚体的 A 点。在刚体上任取一点 B,并在点 B 加上两个等值反向的力 $\boldsymbol{F}'$ 和 $\boldsymbol{F}''$,使它们与力 $\boldsymbol{F}$ 平行,且 $F'=F''=F$,如图 3-3(b)所示。根据加减平衡力系公理,这三个力 $\boldsymbol{F}'$、$\boldsymbol{F}''$、$\boldsymbol{F}$ 组成的新力系与原来的一个力 $\boldsymbol{F}$ 等效。但是这三个力可看作是一个作用在 B 点的力 $\boldsymbol{F}'$ 和一个力偶矩为 Fd 的力偶$(\boldsymbol{F},\boldsymbol{F}'')$。即,原来作用在 A 点的力 $\boldsymbol{F}$,现在被一个作用在 B 点的力 $\boldsymbol{F}'$ 和一个力偶$(\boldsymbol{F},\boldsymbol{F}'')$等效代替。也就是说,可以把作用在刚体上点 A 的力 $\boldsymbol{F}$ 平行移到任意一点 B,但必须同时附加一个相应的力偶,这个力偶称为附加力偶,如图 3-3(c)所示。显然,$M_B(\boldsymbol{F})=Fd$,所以附加力偶的矩等于原来的力 $\boldsymbol{F}$ 对新作用点 B 的力矩,即

$$M_B = M_B(\boldsymbol{F})$$

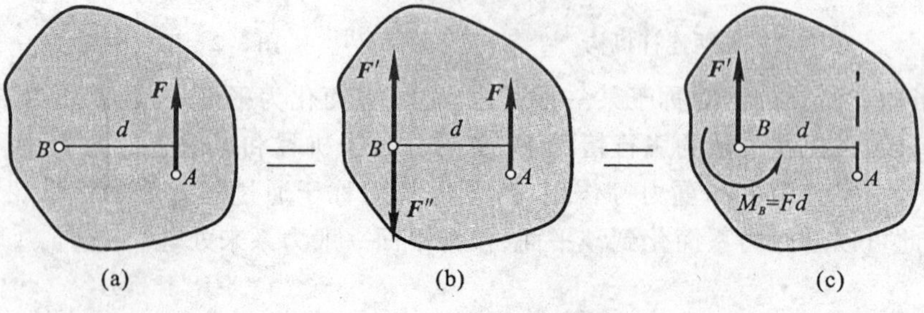

图 3-3 力线平移定理证明

当力线平移时,力的大小、方向都不变,即 $\boldsymbol{F}' = \boldsymbol{F}$,只是作用点移到新位置。但附加力偶矩的大小、转向却与移动点位置密切相关,即附加力偶的矩一般地随着移动点位置不同而改变,等于原力对新作用点的力矩。因此,为与通常意义的力偶相区别,附加力偶用 M_B 表示,下角标 B 表示移动点位置。

由于上述过程每一步都是等效且可逆的,则从其逆过程可以证明:一个力和与该力共面的一个力偶可以合成为一个合力。

力线平移定理即是力系向一点简化的理论基础,又可直接用来分析和解决工程实际中的力学问题。例如图 3-4(a)、(b)所示,为考察偏心载荷 $\boldsymbol{P}$ 对厂房柱

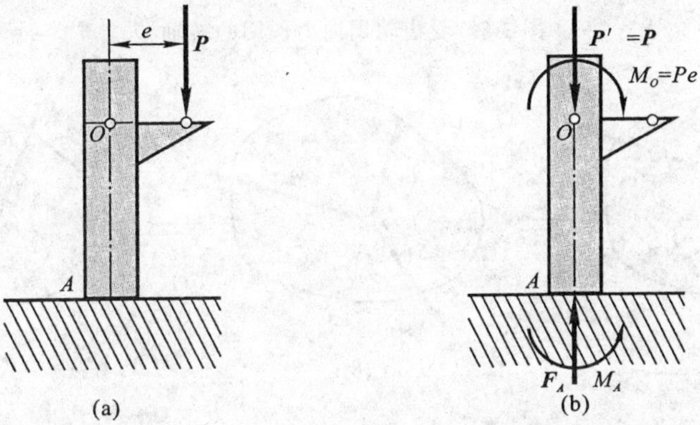

图 3-4　受偏心载荷作用的厂房立柱

子的作用效果,可将力 $\boldsymbol{P}$ 平移至柱的轴线上,轴向力 $\boldsymbol{P}' = \boldsymbol{P}$ 使柱压缩,而力偶矩 $M_O = Pe$ 使柱弯曲。又如图 3-5(a)、(b)所示,转轴上的齿轮受周向力 $\boldsymbol{P}$ 作用,将力平移至轴心 O 点,则横力 $\boldsymbol{P}' = \boldsymbol{P}$ 使轴弯曲,而矩为 $M_O = Pr$ 的力偶使轴扭转。同时可以看出:图 3-4(b)所示之力系为平面一般力系,其中 $\boldsymbol{F}_A$、M_A 分别为柱插入端约束的反力和反力偶;而图 3-5(b)所示之力系则为空间一般力系。在变形体力学中,将直杆轴向伸长或缩短的变形称为拉伸或压缩;直杆两横截面绕杆件轴线相对转动的变形称为扭转;杆件轴线由直线变为曲线的变形称为弯曲。这些变形的直接结果是可能导致构件的破坏,使其丧失工作能力。有关这方面的研究属于材料力学的内容,将在本教材的后续相应章节中介绍。

二、平面一般力系向作用面内一点简化(Reduction of coplanar general force system)

如图 3-6(a)所示,设在刚体上作用一平面一般力系 $\boldsymbol{F}_1$、$\boldsymbol{F}_2$、…、$\boldsymbol{F}_n$,各力的

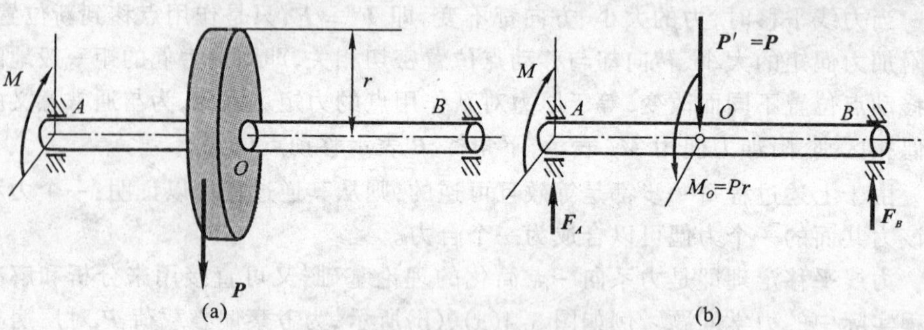

图 3-5　受齿轮周向力作用的转轴

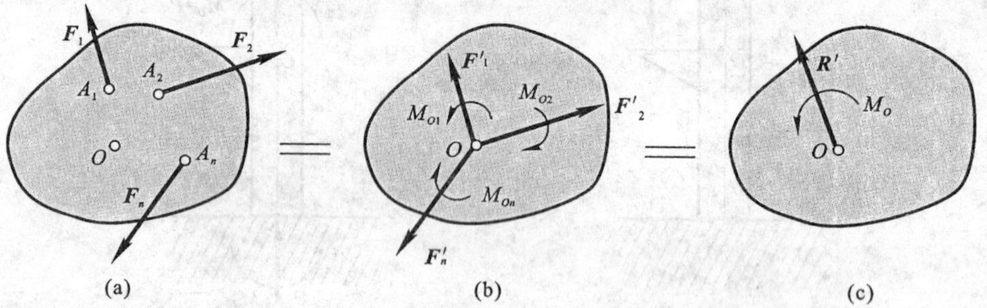

图 3-6　平面一般力系向作用面内一点简化过程图

作用点分别为 A_1、A_2、…、A_n。在力系作用面内任取一点 O，O 点称为简化中心。反复应用力的平移定理，将力系中的各力逐个平移到简化中心 O。这样，得到作用于点 O 的力 $\boldsymbol{F}'_1$、$\boldsymbol{F}'_2$、…、$\boldsymbol{F}'_n$，以及相应的附加力偶 M_{O1}、M_{O2}、…、M_{On}，如图 3-6(b)所示。这些附加力偶作用在同一平面内，它们的矩分别等于力 $\boldsymbol{F}_1$、$\boldsymbol{F}_2$、…、$\boldsymbol{F}_n$ 对简化中心 O 的矩，即

$$M_{O1} = M_O(\boldsymbol{F}_1), M_{O2} = M_O(\boldsymbol{F}_2), \cdots, M_{On} = M_O(\boldsymbol{F}_n)$$

作用于 O 点的力 $\boldsymbol{F}'_1$、$\boldsymbol{F}'_2$、…、$\boldsymbol{F}'_n$ 组成一个平面汇交力系，相应的附加力偶 M_{O1}、M_{O2}、…、M_{On} 组成一个平面力偶系，且这两个力系在同一平面内。即平面一般力系 $\boldsymbol{F}_1$、$\boldsymbol{F}_2$、…、$\boldsymbol{F}_n$ 在简化过程中，首先被分解为一个作用在 O 点的平面汇交力系和一个与 O 点密切相关的平面力偶系。应用汇交力系和力偶系的合成理论，再对这两个力系分别合成。

平面汇交力系 $\boldsymbol{F}'_1$、$\boldsymbol{F}'_2$、…、$\boldsymbol{F}'_n$ 合成为一个力 $\boldsymbol{R}'$，该力的作用点也为 O 点，即作用在简化中心。又因为力矢 $\boldsymbol{R}'$ 等于力矢 $\boldsymbol{F}'_1$、$\boldsymbol{F}'_2$、…、$\boldsymbol{F}'_n$ 的矢量和，以及 $\boldsymbol{F}'_1$

$=F_1$、$F_2'=F_2$、…、$F_n'=F_n$,则有

$$R'=F_1'+F_2'+\cdots+F_n'=F_1+F_2+\cdots+F_n$$

即等于原力系的主矢。

力偶矩为 M_{O1}、M_{O2}、…、M_{On} 的平面力偶系合成为一个力偶,这个力偶的矩 M_O 等于

$$M_O=M_{O1}+M_{O2}+\cdots+M_{On}=M_O(F_1)+M_O(F_2)+\cdots+M_O(F_n)$$

即等于原力系对简化中心 O 点的矩的代数和。M_O 被称为力系对简化中心的主矩。如图 3-6(c)所示。

在这里,从普遍情况下给出力系的主矢与主矩的定义:设有一任意力系 F_1、F_2、…、F_n。力系中各分力矢的矢量和称为力系的主矢;力系中各分力对任一指定点 O 的力矩的矢量和称为力系对 O 点的主矩,主矩是矢量。表示为

$$R'=F_1+F_2+\cdots+F_n=\sum F_i \tag{3-1}$$

$$M_O=M_O(F_1)+M_O(F_2)+\cdots+M_O(F_n)=\sum M_O(F_i) \tag{3-2}$$

主矢 R' 和主矩 M_O 的大小与方向可由矢量运算法则确定,即由矢量合成的多边形法则确定;或用解析法,由式(2-3)~(2-6)和(2-16)~(2-19)确定。根据力线平移定理,主矢 R' 和主矩 M_O 对刚体的作用与原力系等效。

对平面一般力系,力系对 O 点的主矩可用代数量表示,即

$$M_O=M_O(F_1)+M_O(F_2)+\cdots+M_O(F_n)=\sum M_O(F_i) \tag{3-3}$$

力系的主矩的大小和方向与 O 点的位置有关,因此称为力系对 O 点的主矩,即主矩有矩心。力系的主矢是一个几何量,它只有大小和方向,而没有作用点。它与合力的区别是:合力是一个物理量,除有大小和方向外,还有作用点或作用线。另一方面,力系的主矩随矩心位置改变而改变,而主矢则是一个与位置无关的常矢量,主矢是力系的一个不变量。

综上所述可得如下结论:平面一般力系向作用面内任意一点简化,一般可以得到一个力和一个力偶。这个力作用于简化中心,其大小和方向等于该力系的主矢 $R'=\sum F_i$,这个力偶等于该力系对简化中心的主矩 $M_O=\sum M_O(F_i)$。

应用力系简化理论,可以分析固定端(插入端)支座的约束反力及其表示方法。在工程实际中,有很多构件的一部分固嵌于另一物体上而受到约束作用,这样的约束称为固定端约束和插入端约束。例如:插入地基中的输电线杆、固定在刀架上的车刀、焊接在立柱上的托架等所受的约束都是固定端约束。其力学计算的简化模型如图 3-7(a)所示。这种约束不但限制物体在约束处沿任意方向

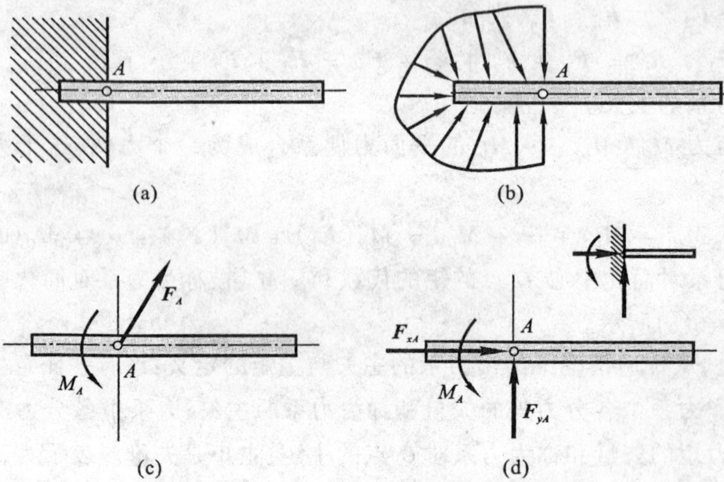

图 3-7　固定端约束

的线位移,也限制物体在约束处的角位移,即同时限制了物体在约束处的移动和转动。物体在固嵌部分所受到的分布约束力是比较复杂的,如图 3-7(b)所示。但无论这些约束力分布如何复杂,当主动力为平面力系时,这些约束反力也是平面力系。根据平面一般力系的简化原理,可将它们向 A 点简化得一个力和一个力偶,通常表示如图 3-7(c),(d)所示。

当物体上所受主动力为空间力系时,对应的固定端约束反力将在后续章节讨论。

力系等效定理　作用在刚体上的两个力系相互等效的充分必要条件是,两力系的主矢相等,对同一点的主矩相等。

设作用在刚体上的两力系分别为 $\boldsymbol{F}_{11}$、$\boldsymbol{F}_{21}$、…、$\boldsymbol{F}_{n1}$ 和 $\boldsymbol{F}_{12}$、$\boldsymbol{F}_{22}$、…、$\boldsymbol{F}_{n2}$,它们的主矢分别为 $\boldsymbol{R}'_{(1)}$ 和 $\boldsymbol{R}'_{(2)}$,对同一点 O 的主矩分别为 $\boldsymbol{M}_{O(1)}$ 和 $\boldsymbol{M}_{O(2)}$。因为力系 $\boldsymbol{F}_{11}$、$\boldsymbol{F}_{21}$、…、$\boldsymbol{F}_{n1}$ 与 $\boldsymbol{R}'_{(1)}$、$\boldsymbol{M}_{O(1)}$ 等效,力系 $\boldsymbol{F}_{12}$、$\boldsymbol{F}_{22}$、…、$\boldsymbol{F}_{n2}$ 与 $\boldsymbol{R}'_{(2)}$、$\boldsymbol{M}_{O(2)}$ 等效,则当 $\boldsymbol{R}'_{(1)} = \boldsymbol{R}'_{(2)}$、$\boldsymbol{M}_{O(1)} = \boldsymbol{M}_{O(2)}$ 时两力系等效;反之当两力系等效时,必有 $\boldsymbol{R}'_{(1)} = \boldsymbol{R}'_{(2)}$、$\boldsymbol{M}_{O(1)} = \boldsymbol{M}_{O(2)}$。于是定理得证。

三、平面一般力系的简化结果分析·合力矩定理

平面一般力系向作用面内一点简化,其结果有四种情况:(1) $\boldsymbol{R}' = 0$, $M_O = 0$;(2) $\boldsymbol{R}' = 0$, $M_O \neq 0$;(3) $\boldsymbol{R}' \neq 0$, $M_O = 0$;(4) $\boldsymbol{R}' \neq 0$, $M_O \neq 0$。以下对这四种情况分别进行分析讨论。

1. 主矢与主矩都等于零

$R'=0, M_O=0$，则力系为平衡力系，将在下节专门讨论。

2. 主矢等于零，主矩不等于零

$R'=0, M_O\neq 0$，则此平面一般力系合成为一个力偶，合力偶矩为 $M=M_O=\sum M_O(F_i)=$ 常数，与简化中心位置无关。

$R'=0, M_O\neq 0$，表明力系向简化中心简化时，力 F'_1、F'_2、…、F'_n 相互抵消，仅存相应附加力偶系的合力偶 $M_O\neq 0$，即汇交力系 F'_1、F'_2、…、F'_n 平衡，原力系与附加力偶系的合力偶 $M_O\neq 0$ 等效。由于主矢与简化中心位置无关（为常矢量），当 $R'=0$ 时，力系对作用面内任意两点 O_1 和 O_2 进行简化分别仅有 M_{O1}、M_{O2}，如图 3-8 所示。根据简化的等效过程和力偶等效条件知，附加力偶系的合力偶矩 M_{O1} 与 M_{O2} 对刚体的作用等效，也就是 $M_{O1}=M_{O2}=$ 常数，即力系的主矩与简化中心位置无关。因此该平面一般力系合成为一个力偶，力偶矩为 $M=M_O=\sum M_O(F_i)$。

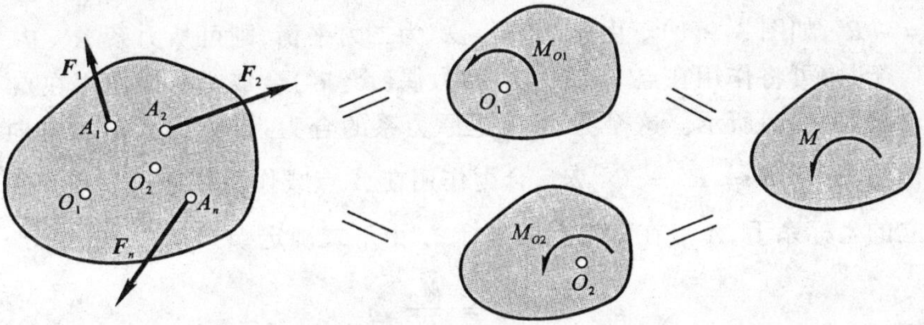

图 3-8 $R'=0, M_O\neq 0$，力系合成为一力偶

3. 主矢不等于零，主矩等于零

$R'\neq 0, M_O=0$，则此平面一般力系合成为一个力，合力 $R=R'=\sum F_i$，作用于简化中心，或合力作用线通过简化中心。

$R'\neq 0, M_O=0$，表明力系向简化中心简化时附加力偶系平衡，原力系与汇交力系 F'_1、F'_2、…、F'_n 等效，此汇交力系的合力也就是原平面一般力系的合力。

4. 主矢不等于零，主矩不等于零

$R'\neq 0, M_O\neq 0$，此力系可进一步向作用面内另一点 A 简化，合成为一个合力，合力 $R=R'=\sum F_i$，作用于 A 点，或合力作用线通过 A 点。

$R' \neq 0, M_O \neq 0$，为平面一般力系简化的一般的情况。此种情况可以由力线平移定理的逆命题继续简化，而合成为一个合力，如图 3-9 所示。

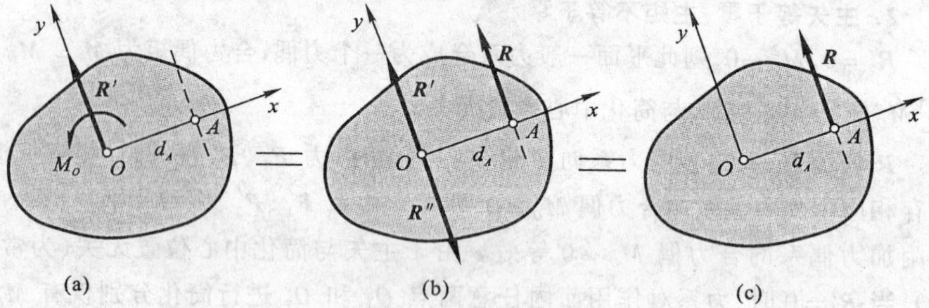

图 3-9　$R' \neq 0, M_O \neq 0$，合成为一个合力

证明　如图 3-9(a)所示，平面一般力系 $\boldsymbol{F}_1$、$\boldsymbol{F}_2$、…、$\boldsymbol{F}_n$ 向 O 点简化得主矢 $\boldsymbol{R}' \neq 0$ 和主矩 $M_O \neq 0$。取直角坐标 Oxy 的 y 轴与 $\boldsymbol{R}'$ 重合并指向相同，现将矩为 M_O 的力偶用两个力 $\boldsymbol{R}$ 和 $\boldsymbol{R}''$ 表示，其中 $\boldsymbol{R}$ 作用在 A 点，$\boldsymbol{R}''$ 作用在 O 点，并令 $\boldsymbol{R}' = \boldsymbol{R} = -\boldsymbol{R}''$，如图 3-9(b)。由于 $\boldsymbol{R}' = -\boldsymbol{R}''$ 为二力平衡，则可从力系 $\boldsymbol{R}'$、$\boldsymbol{R}$、$\boldsymbol{R}''$ 中减去。于是，可将作用在点 O 的力 $\boldsymbol{R}'$ 和力偶($\boldsymbol{R}$，$\boldsymbol{R}''$)合成为一个作用在点 A 的力 $\boldsymbol{R}$，如图 3-9(c)所示。这个力 $\boldsymbol{R}$ 就是原力系的合力，合力的大小和方向等于力系的主矢，即 $\boldsymbol{R} = \boldsymbol{R}' = \sum \boldsymbol{F}_i$，合力作用在 A 点或作用线通过 A 点。在图示所建立的坐标系下，A 点在 x 轴上的坐标 d_A 由下式确定

$$d_A = \frac{M_0}{R'} \tag{3-4}$$

在式(3-4)中，R' 为合力矢 $\boldsymbol{R}$ 在 y 轴上的投影，M_O 为平面力偶的代数力偶矩，$|d_A|$ 为合力作用线到简化中心 O 点的垂直距离。

合力矩定理　当主矢 $\boldsymbol{R}' \neq 0$ 和主矩 $M_O \neq 0$ 时，由图 3-9 和式(3-4)、(3-3)有

$$M_O(\boldsymbol{R}) = Rd_A = R'd_A = M_O$$

$$M_O = \sum M_O(\boldsymbol{F}_i)$$

于是得

$$M_O(\boldsymbol{R}) = \Sigma M_O(\boldsymbol{F}_i) \tag{3-5}$$

式(3-5)表明：若平面一般力系可合成为一合力时，则其合力 $\boldsymbol{R}$ 对作用面内任一点之矩等于力系中各力对同一点之矩的代数和。这就是平面一般力系情况下的合力矩定理。

对图 3-10 所示之平面情况,利用合力矩定理可以导出力 $\boldsymbol{F}$ 对于坐标原点 O 之矩的解析表达式。如图 3-10,设力 $\boldsymbol{F}$ 沿坐标轴方向分解为两个分力 $\boldsymbol{F}_x$ 和 $\boldsymbol{F}_y$,根据合力矩定理有

$$\begin{aligned} M_O(\boldsymbol{F}) &= M_O(\boldsymbol{F}_x) + M_O(\boldsymbol{F}_y) \\ &= xF_y - yF_x \end{aligned} \tag{3-6}$$

式中:x、y 为 A 点的坐标,F_y、F_x 为力 $\boldsymbol{F}$ 在坐标轴上的投影。式(3-6)是空间解析表达式(1-14)的退化结果。

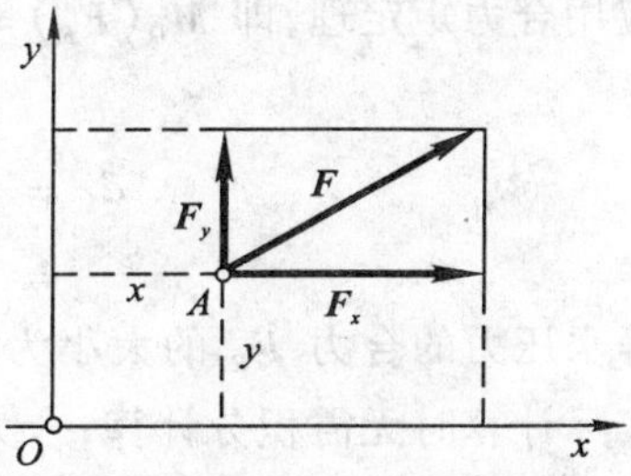

图 3-10　合力矩定理应用

例 3-1　重力坝受静水的侧压力作用,如图 3-11 所示。设水深为 d,单位体积水的密度为 ρ。试求水侧压力的合力大小、方向与作用线。

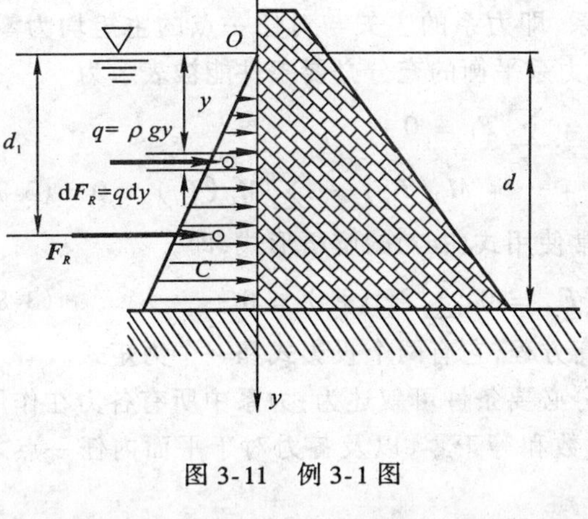

图 3-11　例 3-1 图

解　取厚度为单位长度的坝体为研究对象。由于水压强与水深 y 成正比,即在此坝体上作用的水压力为三角形分布的平面平行力系。建立图示的 Oy 坐标,则水深为 y 处的水压强为 $q = \rho g y$。

① 计算静水压力的合力大小:迎水面上深度为 y,面积为 $\mathrm{d}S = \mathrm{d}y \times 1 = \mathrm{d}y$ 上所受静水压力为

$$\mathrm{d}F_R = \rho g y \mathrm{d}S = \rho g y \mathrm{d}y \tag{1}$$

则有单位厚度坝体所受静水压力的合力大小为

$$F_R = \int_S \mathrm{d}F_R = \int_O^d \rho g y \mathrm{d}y = \frac{1}{2}\rho g \mathrm{d}^2 \tag{2}$$

② 确定计算静水压力的合力方向:由于此三角形分布的水压力垂直于迎水面,因此,$\boldsymbol{F}_R$ 的方向亦垂直于此迎水面,水平向右。

③ 确定计算静水压力的合力作用点(或作用线位置):设合力作用线到坐标原点 O 的距离为 d_1,分别计算合力 $\boldsymbol{F}_R$ 和静水压力 q 对坐标原点 O 的矩有

$$M_O(\boldsymbol{F}_R) = F_R d_1 \tag{3}$$

$$M_O(q) = \int_O^d y \cdot q \mathrm{d}y = \int_O^d y \cdot \rho g y \mathrm{d}y = \frac{1}{3}\rho g d^3 \tag{4}$$

应用合力矩定理,即 $M_O(\boldsymbol{F}_R)=M_O(q)$,有

$$d_1=\frac{M_O(q)}{F_R}=\frac{\frac{1}{3}\rho g d^3}{\frac{1}{2}\rho g d^2}=\frac{2}{3}d \tag{5}$$

静水压力的合力 $\boldsymbol{F}_R$ 的大小为水压力分布的三角形面积($F_R=\rho gd\times d/2$),所以实际计算时无需积分计算;合力 $\boldsymbol{F}_R$ 的作用线位置距三角形顶点 O 为 $d_1=2d/3$,到底边距离为 $d/3$。这些结论在工程实际计算中经常用到。

§3-3　平面一般力系的平衡条件和平衡方程

物体在力系作用下的平衡问题是工程中的主要问题之一,也是静力学研究的重点内容。由公理1推出的平衡力系定理为:在力系作用下,物体保持平衡的充分必要条件是,该力系是一零力系,即力系的主矢与对任一点的主矩均为零。因此,由式(3-1)和(3-3),平面一般力系平衡的充分必要条件能被表示为

$$\begin{aligned}&\boldsymbol{R}'=\boldsymbol{F}_1+\boldsymbol{F}_2+\cdots+\boldsymbol{F}_n=\sum\boldsymbol{F}_i=0\\&M_O=M_O(\boldsymbol{F}_1)+M_O(\boldsymbol{F}_2)+\cdots+M_O(\boldsymbol{F}_n)=\sum M_O(\boldsymbol{F}_i)=0\end{aligned} \tag{3-7}$$

在实际求解力系的平衡问题时,通常使用式(3-7)的解析形式,即

$$\sum F_{xi}=0,\sum F_{yi}=0,\sum M_O(\boldsymbol{F}_i)=0 \tag{3-8}$$

式(3-8)被称为平面一般力系的平衡方程,它有两个投影式和一个力矩式。

由此,平面一般力系平衡的充分必要条件可叙述为:力系中所有各力在作用面内两个任选的坐标轴上投影的代数和等于零,以及各力对于平面内任一点之矩的代数和等于零。

平衡方程(3-8)有三个独立的方程,根据它们能求解三个未知量,且只能求解三个未知量。应当指出,只有当两个投影轴 x、y 相互不平行时,两个投影方程式 $\sum F_{xi}=0$、$\sum F_{yi}=0$ 才相互独立,平衡方程(3-8)才有意义。在实际应用时适当选择矩心与投影轴方位可以简化计算,一般地说,矩心选在未知力的交点,投影轴则尽可能选取与力系中多数力的作用线平行或垂直。

如图3-12所示,力的作用线相互平行且在同一平面内的力系称为平面平行力系(coplanar parallel force system),取坐标系的 oy 轴与力作用线平行,ox 轴与力作用线垂直,则力系向 ox 轴投影恒等于零,即 $\sum F_{xi}\equiv 0$,平衡方程(3-8)退化为如下两式

$$\sum F_{yi}=0,\quad \sum M_O(\boldsymbol{F}_i)=0 \tag{3-9}$$

此时，独立的平衡方程只有两个，可求解两个未知量。式(3-9)为平面平行力系的平衡方程。

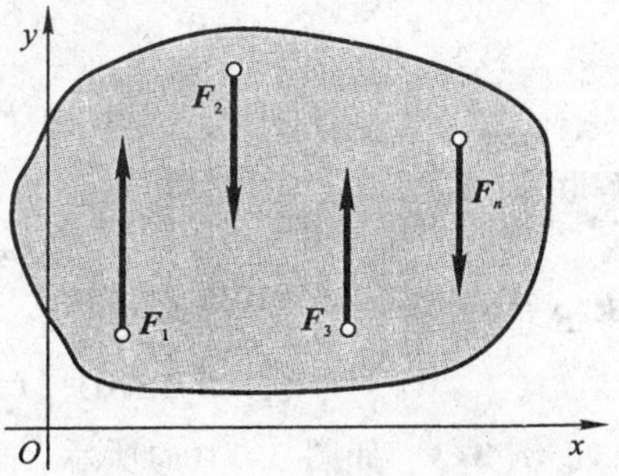

图 3-12　平面平行力系

以下通过例题说明平衡方程的应用与求解的一般步骤。

例 3-2　简易起重机如图 3-13(a)所示，水平梁 *AB* 的 *A* 端以铰链固定，*B* 端用拉杆 *BC* 拉住。梁重 $P=4$ kN，起重的荷载 $Q=10$ kN。尺寸如图所示，求拉杆 *BC* 的拉力和铰链 *A* 的约束反力。

解　(1) 选取梁 *AB* 和重物一起为研究对象。

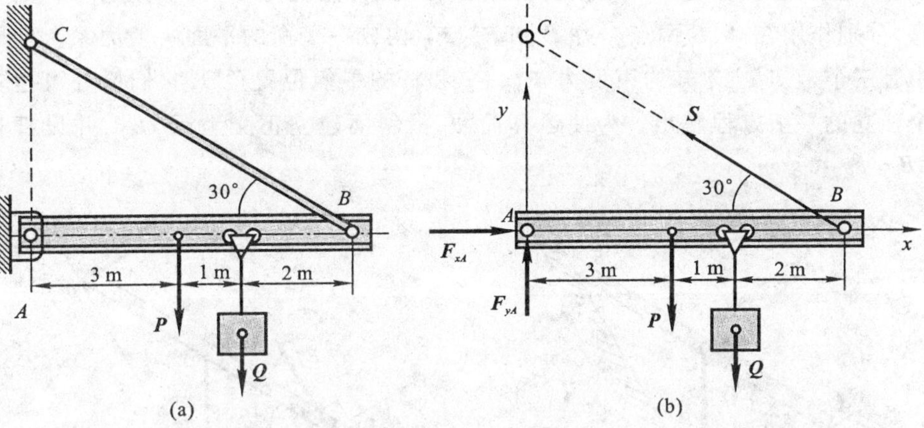

图 3-13　例题 3-2 图

(2) 画受力图，如图 3-13(b)所示。在梁 *AB* 上除受已知主动力 $\boldsymbol{P}$ 和 $\boldsymbol{Q}$ 作用外，还受未知力：拉杆 *BC* 的拉力 $\boldsymbol{S}$ 和铰链 *A* 的约束反力 $\boldsymbol{F}_A$。拉杆 *BC* 为二力杆，$\boldsymbol{S}$ 沿 *BC* 方向；$\boldsymbol{F}_A$ 方向未知，故在选定的坐标系 *Axy* 上分解为 $\boldsymbol{F}_{xA}$ 和 $\boldsymbol{F}_{yA}$。这些力的作用线分布在同一作用面内，组成一平面一般力系。

(3) 列平衡方程求解。由于梁 *AB* 处于平衡状态，因此，梁上所受力系必然满足平衡方程，即有

$$\sum F_{xi}=0,\qquad F_{xA}-S\cos 30^\circ=0 \tag{1}$$

$$\sum F_{yi} = 0, \qquad F_{yA} - P - Q + S\sin 30° = 0 \tag{2}$$

$$\sum M_A(\boldsymbol{F}_i) = 0, \quad P \times 3 + Q \times 4 - S\sin 30° \times 6 = 0 \tag{3}$$

解联立方程组,由式(3)得

$$S = 17.33 \quad (\text{kN}) \tag{4}$$

将 S 值代入式(1)、(2)有

$$F_{xA} = 15.01 \quad (\text{kN}), \qquad F_{yA} = 5.34 \quad (\text{kN}) \tag{5}$$

例 3-3 如图 3-14(a)所示,细杆 AB 搁置在两相互垂直的光滑斜面上。已知杆重为 $\boldsymbol{P}$,重心 C 在 AB 的中点,斜面之一与水平面的夹角为 α。试求杆静止时与水平面的夹角 ϑ 和支点 A、B 两处的约束反力。

解 (1) 选杆 AB 为研究对象。

(2) 画受力图,如图 3-14(b)所示。杆在重力 $\boldsymbol{P}$ 和斜面反力 $\boldsymbol{F}_A$、$\boldsymbol{F}_B$ 作用下处于平衡状态。杆与斜面之间为光滑接触约束,故反力 $\boldsymbol{F}_A$、$\boldsymbol{F}_B$ 分别与斜面垂直,分别作用在 A、B 两点。力 $\boldsymbol{P}$ 和 $\boldsymbol{F}_A$、$\boldsymbol{F}_B$ 构成一平衡的平面一般力系。问题中有三个未知量:未知约束反力 $\boldsymbol{F}_A$、$\boldsymbol{F}_B$ 和杆的平衡位置角 ϑ,它们恰好可由三个独立的平衡方程解出。为使运算简便,沿斜面建立正交坐标 Oxy,并设杆长 $AB = l$。

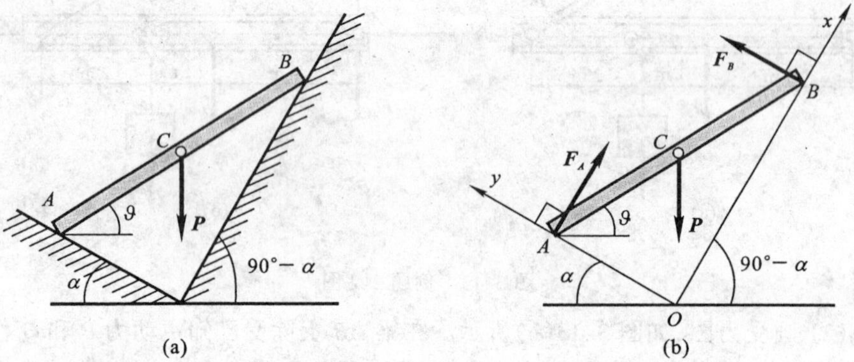

图 3-14 例题 3-3 图

(3) 列平衡方程为

$$\sum F_{xi} = 0, \qquad F_A - P\cos\alpha = 0 \qquad ①$$

$$\sum F_{yi} = 0, \qquad F_B - P\sin\alpha = 0 \qquad ②$$

$$\sum M_A(\boldsymbol{F}_i) = 0,\quad F_B l\sin(\alpha + \vartheta) - P(\frac{l}{2}\cos\vartheta) = 0 \qquad ③$$

由式①、②有

$$F_A = P\cos\alpha,\quad F_B = P\sin\alpha \qquad ④$$

将 $F_B = P\sin\alpha$ 代入式③有

$$2\sin\alpha(\sin\alpha\cos\vartheta + \cos\alpha\sin\vartheta) - \cos\vartheta = 0$$

即

$$\sin(2\alpha)\sin\vartheta - \cos(2\alpha)\cos\vartheta = 0$$

由此有

$$\begin{aligned}&\tan\vartheta = \cot(2\alpha) = \tan(90° - 2\alpha)\\&\vartheta = 90° - 2\alpha\end{aligned} \qquad ⑤$$

由上式可以看出:当 $\alpha < 45°$时,$\vartheta > 0$;当 $\alpha > 45°$时,$\vartheta < 0$。

对于平面一般力系平衡问题的求解,虽然通过矩心与投影轴的选取可使运算简化一些,但有时还不能避免要解联立方程,尤其是在研究刚体系统的平衡问题时,往往要解许多个联立的方程。因此,为了简化计算,还必须选择适当的平衡方程形式。平面一般力系的平衡方程除了由简化结果直接得出的式(3-8)以外,还有其他两种形式:

1. 二力矩形式的平衡方程

$$\sum M_A(\boldsymbol{F}_i) = 0,\quad \sum M_B(\boldsymbol{F}_i) = 0,\quad \sum F_{xi} = 0 \qquad (3\text{-}10)$$

即两个力矩式和一个投影式,其中 A 和 B 是平面内的任意两点,但连线 AB 不垂直于投影轴 x。式(3-10)及连线 AB 不垂直于投影轴 x 的附加条件亦为平面一般力系平衡的充分必要条件。

因为平面力系向作用面内一点简化时只可能有三种结果:合力、力偶或平衡。力系既满足方程 $\sum M_A(\boldsymbol{F}_i) = 0$,同时又满足方程 $\sum M_B(\boldsymbol{F}_i) = 0$,可以断定,该力系合成结果为经过 A、B 两点的一个合力或平衡,而绝不能合成为一个力偶。但当力系又满足方程 $\sum F_{xi} = 0$,且连线 AB 不与投影轴 x 垂直时,显然力系不可能有合力。这表明:只要平面力系满足式(3-10)及其附加条件,该力系必为平衡力系,反之亦然。

2. 三力矩形式的平衡方程

$$\sum M_A(\boldsymbol{F}_i) = 0,\quad \sum M_B(\boldsymbol{F}_i) = 0,\quad \sum M_C(\boldsymbol{F}_i) = 0 \qquad (3\text{-}11)$$

即 3 个力矩式方程,其中 A、B 和 C 是平面内不共线的任意三点。式(3-11)及三点不共线附加条件亦满足平面力系平衡的充分必要条件。请读者自行论证。

以上讨论了平面一般力系平衡方程的三种不同形式,在解决实际问题时可根据具体情况选取适合的一种,以简化运算。以下通过例题进一步说明。

例 3-4 如图 3-15(a)所示,水平横梁 AB 的 A 端以铰链固定,B 端为一辊轴铰链支座。梁的长度为 $4a$,重量为 $\boldsymbol{P}$,重心在梁的中点 C。在梁的 AC 段上受均匀分布载荷 q 作用;DB 段上受线性分布载荷作用,B 点的分布集度为 q。试求 A,B 两处的约束反力。

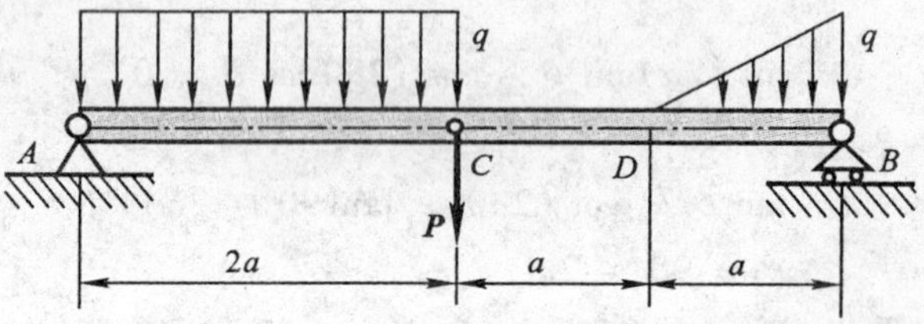

图 3-15(a) 例题 3-4 题图

解 按平面一般力系问题求解。

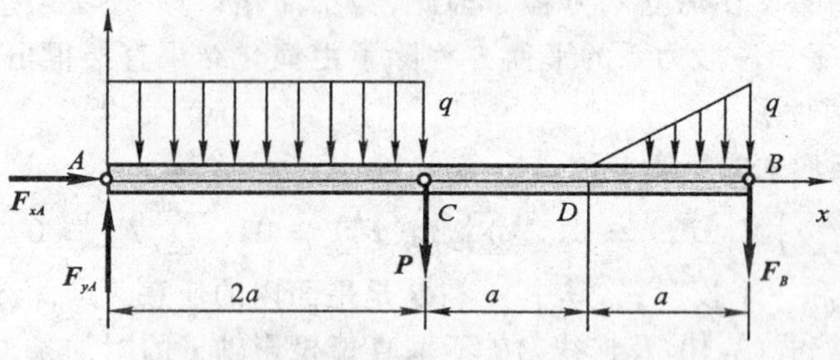

图 3-15(b) 例题 3-4 之研究对象和受力图

(1) 选取梁 AB 为研究对象。

(2) 画受力图,如图 3-15(b)所示。在梁 AB 上除受已知主动力 $\boldsymbol{P}$ 和分布载荷作用外,还受未知力:在选定的坐标系 Axy 上,固定铰链 A 的约束反力 $\boldsymbol{F}_A$ 可分解为 $\boldsymbol{F}_{xA}$ 和 $\boldsymbol{F}_{yA}$,辊轴铰链 B 的约束反力 $\boldsymbol{F}_B$ 的作用线铅直,假设 $\boldsymbol{F}_B$ 的方向铅直朝下。这些力的作用线分布在同一作用面内,组成一平面一般力系。

(3) 列平衡方程求解。梁 AB 处于平衡状态,因此,该力系平衡,即

$$\sum F_{ix} = 0, \qquad F_{xA} = 0 \tag{1}$$

$$\sum M_A(\boldsymbol{F}_i) = 0, \quad F_B \times 4a + P \times 2a + 2qa \times a + \frac{qa}{2} \times \frac{11a}{3} = 0 \tag{2}$$

$$\sum M_B(\boldsymbol{F}_i) = 0, \quad F_{yA} \times 4a - P \times 2a - 2qa \times 3a - \frac{qa}{2} \times \frac{a}{3} = 0 \tag{3}$$

分别由式(1)、(2)、(3)解得

$$F_{xA} = 0, \quad F_{yA} = \frac{P}{2} + \frac{37qa}{24}, \quad F_B = -\frac{P}{2} - \frac{23qa}{24} \tag{4}$$

检验:为检验所得结果的正确性,将求得的约束反力 F_{xA}、F_{yA}、F_B 和梁上所受主动力向 y 轴投影应有 $\sum F_{yi}$。验算有

$$\sum F_{yi} = F_{yA} - F_B - q \times 2a - \frac{1}{2}q \times a - P$$

$$= \left(\frac{P}{2} + \frac{37qa}{24}\right) - \left(-\frac{P}{2} - \frac{23qa}{24}\right) - q \times 2a - \frac{1}{2}q \times a - P = 0 \tag{5}$$

因此,所计算结果正确。对结果进行验算是非常重要的,验算时应选择与求解方程无关的独立方程进行。

说明:

① 利用二力矩式平衡方程,避免了解联立方程;

② F_B 为负值,说明它的实际方向与假设方向相反;

③ 在计算分布载荷的合力及对点的矩时应用了合力矩定理。在 AC 段上,均匀分布载荷 q 的合力为其矩形面积($2qa$),方向铅垂向下,距梁的左端 A 点为 a,即过矩形对角线的交点;三角形分布载荷的相应问题请参看例 3-1。

再解:按平面平行力系求解。

由于梁 AB 上所受主动力 $\boldsymbol{P}$、分布载荷 q 和 B 点约束反力 $\boldsymbol{F}_B$ 的作用线均与 y 轴平行,为满足梁 AB 的平衡,固定铰链 A 的约束反力 $\boldsymbol{F}_A$ 也必与 y 轴平行,即组成一平面平行的平衡力系,可按平面平行力系问题求解。此时的受力图如图 3-15(c)所示,并注意,在左端作用的是 $\boldsymbol{F}_A$ 而不是 $\boldsymbol{F}_{yA}$,由平面平行力系的平衡

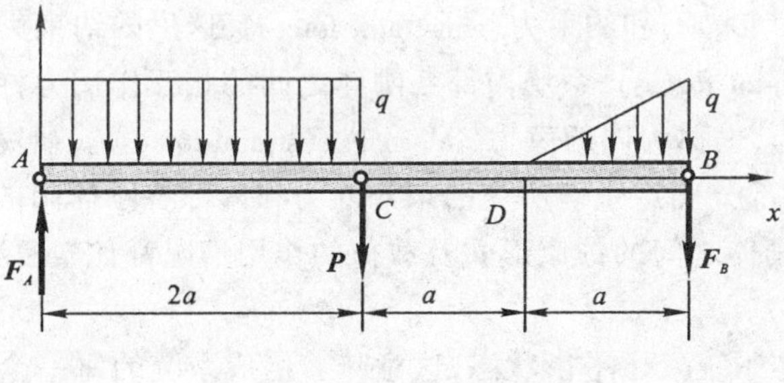

图 3-15(c) 例题 3-4 之研究对象和平行力系受力图

方程(3-9)有

$$\sum F_{yi} = 0, \qquad F_A - F_B - 2qa - \frac{1}{2}qa - P = 0$$

$$\sum M_A(\boldsymbol{F}_i) = 0, \quad F_B \times 4a + P \times 2a + 2qa \times a + \frac{qa}{2} \times \frac{11a}{3} = 0$$

解得

$$F_B = -\frac{P}{2} - \frac{23qa}{24}, F_A = \frac{P}{2} + \frac{37qa}{24}$$

注意:

① $\boldsymbol{F}_A$ 为 A 点的约束反力,而 $\boldsymbol{F}_{xA}$ 和 $\boldsymbol{F}_{yA}$ 则为约束反力 $\boldsymbol{F}_A$ 的两个分力,在矢量关系上有 $\boldsymbol{F}_A = \boldsymbol{F}_{xA} + \boldsymbol{F}_{yA}$。

② 此时,虽然固定铰链 A 的约束反力铅直朝上,但还不能用辊轴铰链约束代替,而破坏了结构约束的完整性。另一方面,从结构的工程作用讲,梁的整体固定要求必须存在这一水平约束,否则,当梁受水平扰动时将产生水平移动。例如,当汽车在水平桥梁上行驶时,梁除受汽车的重力作用外,通常还受有水平摩擦力的作用,因此,水平约束的存在是必须的。

§3-4　刚体系统的平衡

一、刚体系统及其平衡

由若干个刚体通过约束所组成的系统称为刚体系统(rigid multibody system)。例如工程中的组合构架、三铰拱等结构,都是由几个物体组成的刚体系统。刚体系统不仅受来自于外界物体对这个系统的作用,而且系统内部各刚体还有相互之间的作用。外界物体作用于系统的力称为系统的外力(external forces),外力包括主动力(applied forces)和约束力(constraint forces),这里的约束力也称为外约束力(external constraint forces);系统内部各刚体之间的相互作用力称为该系统的内力(internal forces),也称为内约束力(internal constraint forces)。研究刚体系统的平衡就是要全部或部分确定系统所受的未知外力和内部各刚体间的内力。对一般的多刚体系统,刚体之间的约束形式及载荷的作用情况都比较复杂,求解时应遵循以下基本原则:

① 整个刚体系统处于平衡状态,这意味着组成系统的每一个刚体都处于平衡状态。因此,求解刚体系统平衡问题的基本途径是:分别考察系统中每一个刚体的受力情况,建立平衡方程,然后联立求解。

② 由于系统中几个刚体组成的子系统也处于平衡状态,因此,也可取整个系统或系统中的子系统为分离体,而考察它的平衡。在某些情况下,考察整个系

统或子系统的平衡，也能求出某些未知量，充分考虑这一点，往往可使运算得到很大简化。

③ 根据作用与反作用定律，内力总是成对出现的，且大小相等方向相反，分别作用在两相互作用的刚体上。因此，当取整个系统或子系统为分离体时，分离体内部各刚体之间的内力可不考虑。

④ 设刚体系统由 n 个刚体组成，则无论是取整个系统还是子系统，或单个刚体为研究对象，相互独立的研究对象共有 n 个。尽管它们的组合形式多种多样，但独立的研究对象数目不变。多余的研究对象对求解是无用的。

⑤ 在不须求出系统所受全部未知外力和内部各刚体之间的所有内力时，只需根据所求，恰当的选择研究对象，列出必要的求解方程即可。

在遵循上述基本原则的基础上，恰当的选择投影轴与矩心，灵活应用平衡方程的多种形式，都可起到简化运算的效果。

二、静定与静不定问题的概念

对由 n 个刚体组成的刚体系统，设所确立的每个研究对象都受到平面一般力系作用，则分别考虑每个研究对象的平衡后，n 个相互独立的研究对象总共可列出 $3n$ 个独立的平衡方程。如果其中某个研究对象受到平面汇交力系或平面平行力系作用，则其独立的平衡方程数目将相应减少。当未知量的数目等于独立的平衡方程的数目时，这些未知量可由平衡方程求解，属于静定问题，如图 3-16(a)所示之静定梁。显然，前面所列举的例子都是静定问题。但在工程实际中，有时为了提高结构的承载能力，常常采用增加约束的方法，至使该结构系统的未知量数目多于平衡方程的数目，未知量就不能仅凭平衡方程求解，这样的问题称为静不定问题或超静定问题，如图 3-16(b)所示之静不定梁。静不定问题的求解属于变形体力学研究的内容。

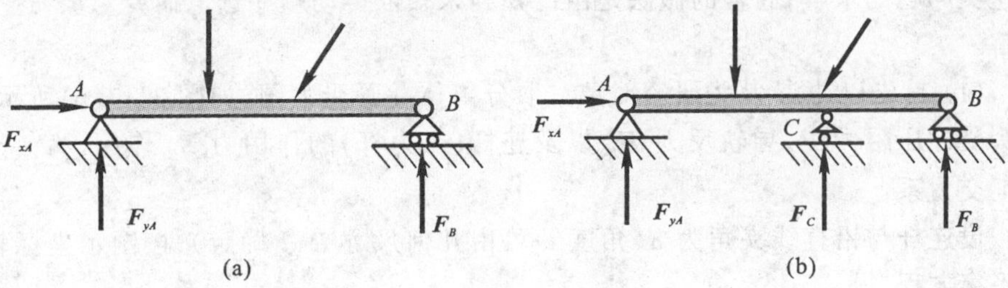

图 3-16　静定与静不定梁

以下由例题来说明平面静定刚体系统平衡问题的求解。

例 3-5　如图 3-17(a)所示为曲柄冲床简图,由轮Ⅰ、连杆 AB 和冲头 B 组成。A、B 两处为铰链连接。$OA=R$,$AB=l$。忽略物体自重,当 OA 在水平位置时,冲压力为 $\boldsymbol{P}$。

求:(1) 作用在轮Ⅰ上的力偶矩 M 的大小;(2)轴承 O 处的约束反力;(3)连杆 AB 受的力;(4)冲头给导轨的侧压力。

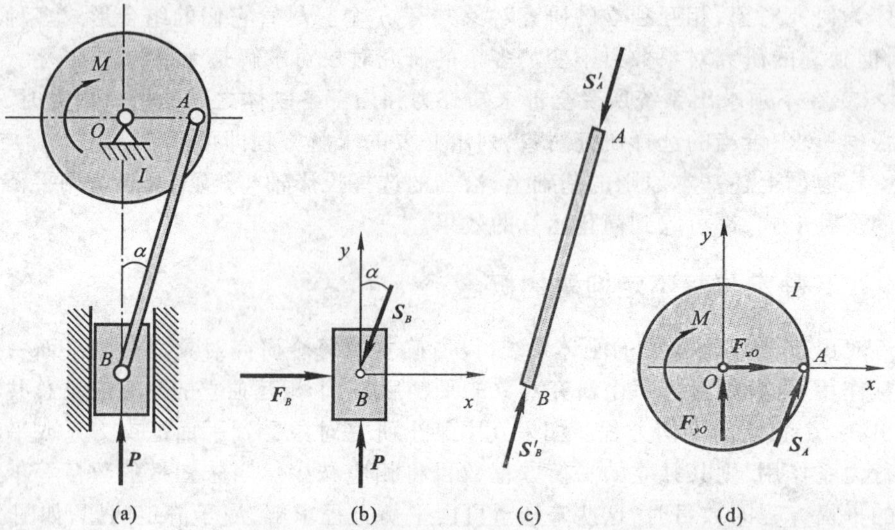

图 3-17　例题 3-5 图

解　这是一个刚体系统的机构平衡问题,有三个刚体:冲头 B、连杆 AB 和轮Ⅰ。机构的特点是系统可动,机构的平衡要求主动力之间满足一定的关系。在本例中,当冲压阻力 $\boldsymbol{P}$ 和力偶矩 M 满足一定的关系时,该机构系统才能平衡。对这类问题的求解,通常的做法是由已知到未知依传动顺序选取研究对象,逐个求解。

(1) 首先以冲头 B 为研究对象。取分离体并画受力图,如图 3-17(b)所示。冲头受冲压阻力 $\boldsymbol{P}$,导轨反力 $\boldsymbol{F}_B$ 以及连杆(二力杆)的作用力 $\boldsymbol{S}_B$ 作用,为一平面汇交力系。

设连杆与铅直线夹角为 α(角度 α 可由几何尺寸 R、l 确定),按图示坐标轴列平衡方程,得

$$\sum F_{xi}=0,\qquad F_B-S_B\sin\alpha=0 \tag{1}$$

$$\sum F_{yi} = 0, \qquad P - S_B\cos\alpha = 0 \tag{2}$$

由式(2)有

$$S_B = \frac{P}{\cos\alpha} = \frac{Pl}{\sqrt{l^2 - R^2}} \tag{3}$$

S_B 为正值,说明假设的 S_B 的方向是对的。将求得的 S_B 值代入式(1)得

$$F_B = P\tan\alpha = \frac{PR}{\sqrt{l^2 - R^2}} \tag{4}$$

根据作用与反作用定律,则有冲头对导轨的侧压力的大小为 $F'_B = F_B = P\tan\alpha$

(2) 连杆 AB 为二力杆,如图 3-17(c)所示,$\boldsymbol{S}_B$ 与 $\boldsymbol{S}'_B$ 为作用力与反作用力,由此有

$$S_A = S'_A = S'_B = S_B = \frac{P}{\cos\alpha} = \frac{Pl}{\sqrt{l^2 - R^2}} \tag{5}$$

即连杆 AB 受压力。由于二力杆的平衡计算非常简单,可以略去而直接给出结果。

(3) 再以轮 I 为研究对象,画受力图如图 3-17(d)所示。轮 I 受平面一般力系作用:包括力偶矩为 M 的力偶、连杆作用力 $\boldsymbol{S}_A$ 和轴承 O 的约束反力 $\boldsymbol{F}_{xO}$ 与 $\boldsymbol{F}_{yO}$。按图示坐标轴列平衡方程,并注意力偶矩 M 在投影方程中不出现,得

$$\sum F_{xi} = 0, \qquad F_{xO} + S_A\sin\alpha = 0 \tag{6}$$

$$\sum F_{yi} = 0, \qquad F_{yO} + S_A\cos\alpha = 0 \tag{7}$$

$$\sum M_O(\boldsymbol{F}_i) = 0, \quad S_A R\cos\alpha - M = 0 \tag{8}$$

将 S_A 之值分别代入式(6)、(7)、(8)有

$$F_{xO} = -P\tan\alpha = -\frac{PR}{\sqrt{l^2 - R^2}} \tag{9}$$

$$F_{yO} = -P \tag{10}$$

$$M = PR \tag{11}$$

负号说明,轴承反力 $\boldsymbol{F}_{xO}$、$\boldsymbol{F}_{yO}$ 的方向与图示所设的方向相反。

例 3-6　如图 3-18(a)所示,水平梁由 AC 和 CD 两部分组成,它们在 C 处用铰链连接。梁的 A 端固定,在 B 处受辊轴支座约束。已知 $Q = 10$ kN, $P = 20$ kN,均布载荷 $p = 5$ kN/m,梁的 BD 段受线性分布载荷,在 B 处为零,在 D 端达最大值 $q = 6$ kN/m。试求 A、B 和 C 处的约束反力。

解　静定多跨梁是一种常见的组合结构,是由基本部分和附属部分连接而

成。单靠本身就能承受载荷的部分梁称为基本部分,如图 3-18(a)的 AC 部分;而单靠本身不能承受载荷的部分梁称为附属部分,附属部分要依靠基本部分的支撑才能承受载荷,如图 3-18(a)的 CD 部分。这种问题的求解通常是依附属顺序由外至内按顺序分析,一个部分一个部分地独立分析,最后分析基本部分。其优点是不必解过多的联立方程。

(1) 先取附属部分 CD 研究,受力图如图 3-18(b)所示。CD 梁受辊轴支座

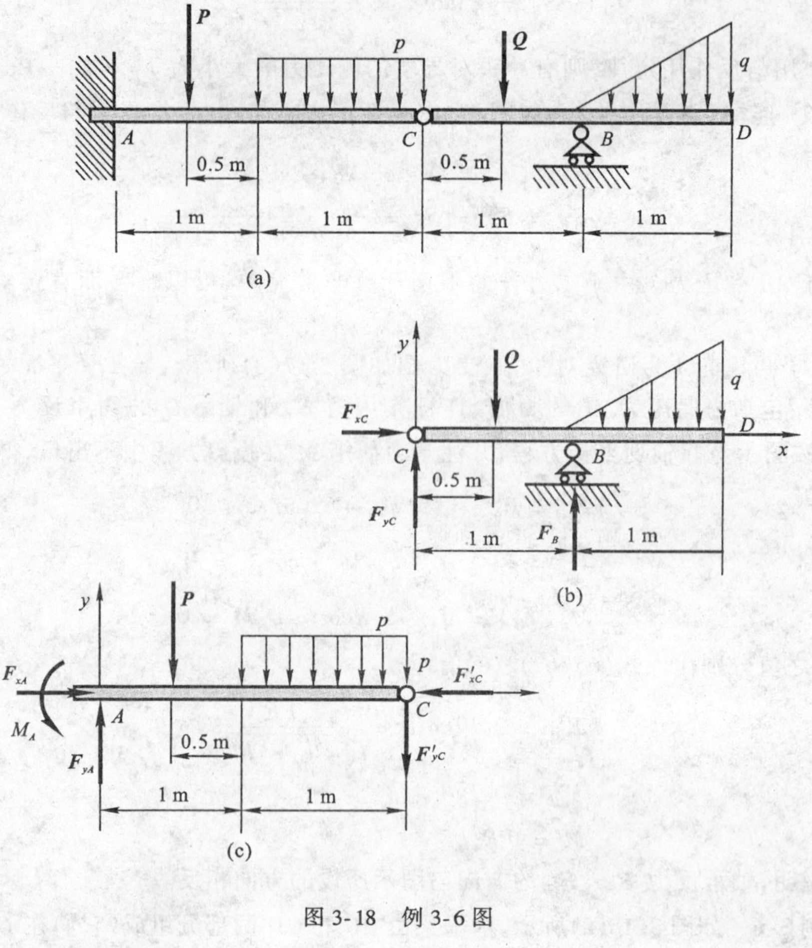

图 3-18 例 3-6 图

B 和中间铰链 C 的约束作用,约束反力分别为 F_B 和 F_{xC}、F_{yC}。列平衡方程有

$$\sum F_{xi} = 0, \qquad F_{xC} = 0 \qquad ①$$

$$\sum F_{yi} = 0, \qquad F_{yC} + F_B - Q - q \times 1 \times \frac{1}{2} = 0 \qquad ②$$

$$\sum M_C(\boldsymbol{F}_i) = 0, \qquad F_B \times 1 - Q \times 0.5 - \frac{1}{2} q \times 1 \times (1 + \frac{2}{3}) = 0 \qquad ③$$

解得:

$$F_{xC} = 0, F_{yC} = 3\ (\text{kN}), F_B = 10\ (\text{kN}) \qquad ④$$

(2) 再取基本部分 AC 研究,受力图如图 3-18(c)所示。梁在 A 端受固定约束,有约束反力 $\boldsymbol{F}_{xA}$、$\boldsymbol{F}_{yA}$ 和约束力偶矩 M_A;在中间铰链 C 处有约束反力 $\boldsymbol{F}'_{xC}$、$\boldsymbol{F}'_{yC}$。这里 $\boldsymbol{F}_{xC}$、$\boldsymbol{F}_{yC}$ 和 $\boldsymbol{F}'_{xC}$、$\boldsymbol{F}'_{yC}$ 为作用与反作用力,属于系统的内力或内约束力,注意它们的大小相等、方向相反。列平衡方程有

$$\sum F_{xi} = 0, \qquad F_{xA} - F'_{xC} = 0 \qquad ⑤$$

$$\sum F_{yi} = 0, \qquad F_{yA} - F'_{yC} - P - p \times 1 = 0 \qquad ⑥$$

$$\sum M_A(\boldsymbol{F}_i) = 0, \quad M_A - F'_{yC} \times 2 - P \times \frac{1}{2} - p \times 1 \times (1 + \frac{1}{2}) = 0 \qquad ⑦$$

将 $F'_{xC} = 0$ 和 F'_{yC} 代入式(⑤、⑥、⑦)解得

$$F_{xA} = 0, F_{yA} = 28\ (\text{kN}), M_A = 23.5\ (\text{kN} \cdot \text{m}) \qquad ⑧$$

如需要,可对结果进行检验:对 CD 部分列 B 点的力矩方程,对 AC 部分列 C 点的力矩方程均满足等于零的条件,即结果正确。也可以考虑整体的平衡以验证结果的正确。

例 3-7　起重构架由杆 AD、BE 和滑轮组成,如图 3-19(a)所示,尺寸单位为 mm。滑轮直径 $d = 200$ mm,钢丝绳的倾斜段平行于杆 BE。起吊的荷载 $G = 10$ kN,其他重量不计。求固定铰链支座 A、B 的约束反力。

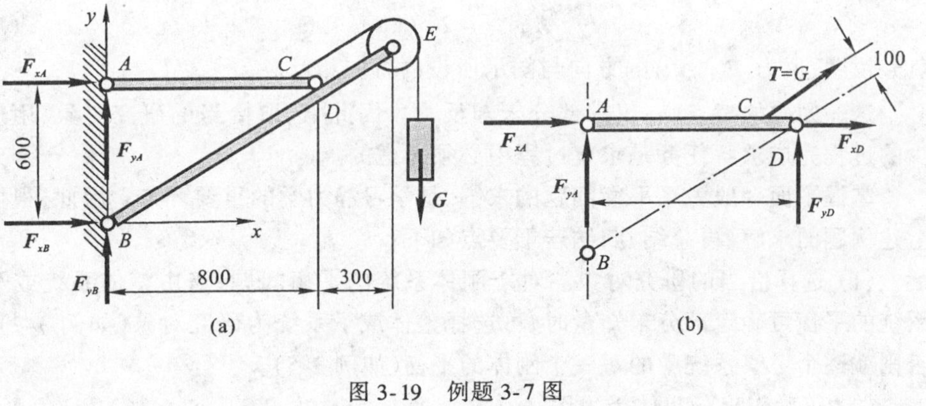

图 3-19　例题 3-7 图

解　本题只求固定铰链支座 A、B 的约束反力,不须逐个研究各刚体的平衡。故分别选择整体和 AC 杆为研究对象,考察其平衡。

(1) 先取整体研究,受力图如图 3-19(a)所示。固定铰链支座 A、B 的约束反力分别为 $\boldsymbol{F}_{xA}$、$\boldsymbol{F}_{yA}$ 与 $\boldsymbol{F}_{xB}$、$\boldsymbol{F}_{yB}$。中间铰链 D 处约束作用为整体系统内力,不出现。列平衡方程有

$$\sum F_{xi} = 0, \qquad F_{xA} + F_{xB} = 0 \tag{1}$$

$$\sum F_{yi} = 0, \qquad F_{yA} + F_{yB} - G = 0 \tag{2}$$

$$\sum M_A(\boldsymbol{F}_i) = 0, \quad F_{xB} \times 600 - G \times (800 + 300 + 100) = 0 \tag{3}$$

在上述三个方程中有四个未知反力,须再选一个研究对象。

(2) 再取 AD 杆研究,受力图如图 3-19(b)所示。固定铰链支座 A 的约束反力分别为 $\boldsymbol{F}_{xA}$、$\boldsymbol{F}_{yA}$,此时,中间铰链 D 对 AD 杆有约束作用,约束力为 $\boldsymbol{F}_{xD}$、$\boldsymbol{F}_{yD}$,绳索的拉力为 $T = G$。约束力 $\boldsymbol{F}_{xD}$、$\boldsymbol{F}_{yD}$ 不为本题所求,故只列对 D 点的力矩方程有

$$\sum M_D(\boldsymbol{F}_i) = 0, \quad F_{yA} \times 800 + T \times 100 = 0 \tag{4}$$

由式(4)有

$$F_{yA} = -1.25\ (\text{kN}) \tag{5}$$

将 $F_{yA} = -1.25$ kN 代入到式(2)得

$$F_{yB} = 11.25\ (\text{kN}) \tag{6}$$

由式(3)有

$$F_{xB} = 20\ \text{kN} \tag{7}$$

将 $F_{xB} = 20$ kN 代入到式(1)得

$$F_{xA} = -20\ (\text{kN}) \tag{8}$$

负号说明,反力 $\boldsymbol{F}_{xA}$、$\boldsymbol{F}_{yA}$ 的方向与图示所设的方向相反。

这一问题的特点是:仅求部分未知反力。因此,选取恰当的研究对象,用最少的过程完成求解任务是求解过程中必须考虑的。

掌握平面一般力系平衡问题的求解,是学习静力学的重要环节。因此,根据上述例题的求解,再总结、归纳若干要点如下:

(1) 选择恰当的研究对象。对于刚体系统的平衡问题,当由整体系统或子系统的平衡可确定部分未知量时,可选择整体或子系统为研究对象(如例 3-7)。否则就逐个考察系统中的每一个刚体的平衡(如例 3-5)。

(2) 正确作出分离体受力图。

(3) 列平衡方程时,恰当选择投影轴方位和矩心位置,选择合适的平衡方程形式,使每个平衡方程中尽可能少含未知量个数,最好是每个方程中只含一个未

知量,可使问题的求解得到简化。

(4) 对结果进行检验。检验时不要利用原有平衡方程进行检验,而是利用剩余平衡条件进行检验。例如:当利用系统中的每个刚体的平衡条件求解时,可通过考察整体平衡进行检验。

§3-5　平面静定桁架的内力计算

在工程实际中,房屋建筑、桥梁、起重机、油田井架、电视塔等结构物常用桁架来构造。由杆件彼此在两端用铰链连接而成的几何不变体系,称为桁架(truss)或桁架结构(truss structure)。

如桁架所有的杆件都在同一平面内,这种桁架称为平面桁架(planar truss),该平面称为桁架的中心平面,各杆件的铰链接头称为节点(node)。否则为空间桁架(space truss)。桁架的优点是:杆件只承受拉力或压力,可以充分发挥材料的作用,减轻结构的重量,节省材料。

在设计桁架时,必须计算支座的反力和各杆件中的内力,为简化计算,工程中通常作如下假设:

(1) 节点都是光滑铰链连接;

(2) 杆件的轴线都是直线。对平面桁架,各杆的轴线都在桁架的中心平面内并通过铰的中心;

(3) 载荷与支座反力都作用在节点上。对平面桁架,载荷与支座反力都在桁架的中心平面内;

(4) 与载荷相比,杆件的自重可以略去或分配到杆端的节点上。

根据以上假设知:桁架中的杆都是二力直杆,即各杆件所受的力(内力)都是大小相等,方向相反且沿着杆件轴线的两个力。这种力称为轴力或轴向力,并规定:轴力以拉力为正,压力为负。这样的桁架称为理想桁架。实际的桁架与上述假设有一定的差别,如桁架的节点不是铰接或不是光滑的铰接,杆件的轴线不是绝对的直等等。但根据上述假设计算的结果能很好地满足工程实际的需要。

在工程实际中,杆件端部的连接一般有铆接、焊接或螺栓连接等方式,它们均对杆端的转动有约束作用,但当连接于同一节点的各杆直轴线汇交于一点时,杆端的约束力偶很小,则可以将节点简化为光滑铰链,而使之成为一个理想桁架。

本节仅介绍平面静定桁架内力分析的节点法和截面法。以三角形杆架为基础,每附加两个杆件组成一个节点,用这种方法组成的平面桁架称为平面简单桁架(simple truss),如图 3-20 所示。简单平面桁架是静定桁架,即当简单平面桁架所受全部外力(包括主动力和约束力)已知时,各杆内力(即轴力)可静定求解。静定桁架内力分析的基本方法是节点法(method of joints)和截面法(method of sections)。

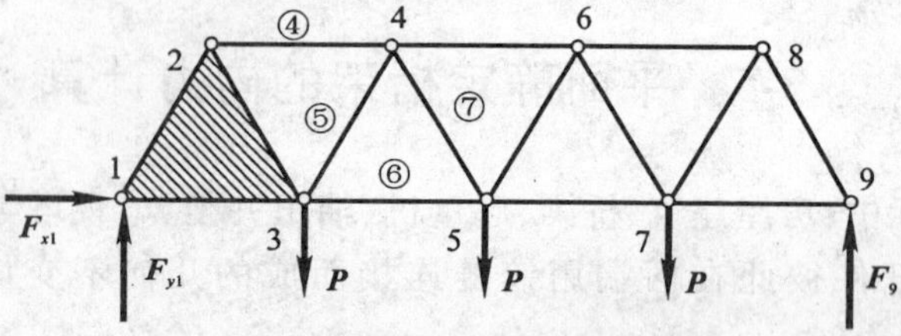

图 3-20 平面简单桁架·静定桁架

一、节点法

桁架的每一个节点都受一个平面汇交力系作用。为了求每个杆件的内力,可以将每个节点从整体中分离出来,即以节点为研究对象,考察它们的平衡,由已知力逐个求出全部未知力(杆件的内力),这就是节点法。求解时可以用解析法,也可以用图解法。

现举例说明节点法的方法和步骤。

例 3-8 平面静定桁架的尺寸和支座约束如图 3-21(a)所示。在节点 D 处受一集中载荷 $P=10$ kN 作用。试求桁架各杆所受的内力。

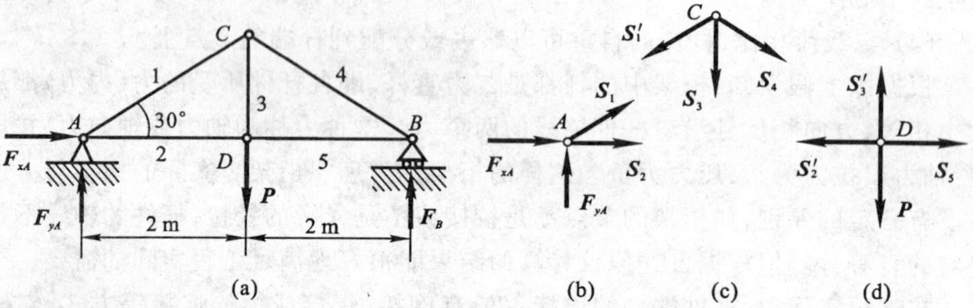

图 3-21 例题 3-8 图

解 当 A、B 两处约束反力未知时,各节点的未知量数均大于两个。因此,本题需先求 A、B 两点处的约束反力。在本例中,水平轴设为 x 轴,铅垂轴设为 y 轴(图中没有画出)。

(1) 求约束反力。先取整体研究,受力图如图 3-21(a)所示。支座 A、B 的约束反力分别为 $\boldsymbol{F}_{xA}$、$\boldsymbol{F}_{yA}$ 与 $\boldsymbol{F}_B$。列平衡方程有

$$\sum F_{xi} = 0, \qquad F_{xA} = 0 \tag{1}$$

$$\sum F_{yi} = 0, \qquad F_{yA} + F_B - P = 0 \tag{2}$$

$$\sum M_A(\boldsymbol{F}_i) = 0, \quad F_B \times 4 - P \times 2 = 0 \tag{3}$$

解得

$$F_{xA} = 0, F_B = F_{yA} = 5 \quad (\text{kN}) \tag{4}$$

(2) 节点法求各杆内力。桁架的每个节点都在内力、外力和约束反力的汇交作用下处于平衡状态。因此,节点法求桁架内力就是解平面汇交力系的平衡问题。设想将杆件截断,取出每个节点来研究。为避免过多的解联立方程,每次截取节点所含的未知内力数不应超过两个。

先取节点 A 研究,画受力图时均假设各杆的内力为拉力,如图 3-21(b)所示。力 $\boldsymbol{S}_1$、$\boldsymbol{S}_2$ 分别为杆件 1 和 2 对节点 A 的作用力,$\boldsymbol{S}_1$、$\boldsymbol{S}_2$ 背离节点使该节点受拉力,根据作用与反作用定律,杆件 1 和 2 也受拉力作用,大小分别与 $\boldsymbol{S}_1$、$\boldsymbol{S}_2$ 相等。因此说,$\boldsymbol{S}_1$、$\boldsymbol{S}_2$ 为杆件 1 和 2 的内力,且为拉力。另外,节点 A 共受 $\boldsymbol{S}_1$、$\boldsymbol{S}_2$ 和 $\boldsymbol{F}_{xA}$、$\boldsymbol{F}_{yA}$ 四个力的作用,其中 $\boldsymbol{F}_{xA}$、$\boldsymbol{F}_{yA}$ 已知,$\boldsymbol{S}_1$、$\boldsymbol{S}_2$ 大小未知,可由 A 点的平衡求出。列平衡方程有

$$\sum F_{xi} = 0, \qquad F_{xA} + S_2 + S_1 \cos 30° = 0 \tag{5}$$

$$\sum \mathrm{F}_{yi} = 0, \qquad \mathrm{F}_{yA} + \mathrm{S}_1 \sin 30° = 0 \tag{6}$$

将 $F_{xA} = 0$、$F_{yA} = 5$ kN 代入到式(5)、(6)解得

$$S_1 = -10\ (\text{kN}), S_2 = 8.66\ (\text{kN}) \tag{7}$$

取节点 C 研究,受力如图 3-21(c)所示。其中,$\boldsymbol{S}_3$、$\boldsymbol{S}_4$ 为杆件 3 和 4 的待求内力,$S_1' = S_1$。列平衡方程有

$$\sum F_{xi} = 0, \ S_4 \cos 30° - S_1' \cos 30° = 0 \tag{8}$$

$$\sum F_{yi} = 0, \ -S_3 - (S_4 + S_1') \sin 30° = 0 \tag{9}$$

将 $S_1' = S_1 = -10$ kN 代入到式(8)、(9)有

$$S_4 = -10\ (\text{kN})、S_3 = 10\ (\text{kN}) \tag{10}$$

再取节点 D 研究,受力图如图 3-21(d)所示。其中,$\boldsymbol{S}_5$ 为杆件 5 的待求内力,$S_3' = S_3$,$S_2' = S_2$。此时,只有一个待求未知量,列相应的平衡方程有

$$\sum F_{xi} = 0, \; S_5 - S_2' = 0 \tag{11}$$

将 $S_2' = S_2 = 8.66$ (kN)代入到式(11)有

$$S_5 = 8.66 \text{ (kN)} \tag{12}$$

S_1、S_4 为负值说明杆件 1 和 4 的实际内力与假设相反,受压力;而 S_2、S_3 和 S_5 为正值说明杆 2、3 和 5 的实际内力与假设相符,受拉力。

计算各杆内力为:

$$S_1 = S_4 = -10 \text{ kN(压力)}$$
$$S_2 = S_5 = 8.66 \text{ kN(拉力)}$$
$$S_3 = 10 \text{ kN(拉力)}$$

考虑节点 B 的平衡可进行校核。

总结节点法求桁架内力的基本步骤为:

(1) 求约束反力。

(2) 逐个地取桁架中的节点为研究对象,列平面汇交力系的平衡方程。每次截取节点所含的未知内力数不应超过两个。最后一个结点可用来校核结果。

(3) 作节点受力图时,各杆内力均假设为拉力,所得结果为正则杆件受拉力,否则杆件受压力。

二、截面法

如只要求计算桁架内某几个杆件所受的内力,可以适当的选取一截面,假想地把桁架截开,再考虑其中任一部分的平衡,求出这些被截杆件的内力,这就是截面法。利用截面法计算被截杆件的内力,所考虑的研究对象是一个平面一般力系的平衡问题。以下举例说明。

例 3-9 如图 3-22(a)所示平面静定桁架,各杆件的长度都等于 1 m。在节点 E 上作用载荷 $P_1 = 10$ kN,在节点 G 上作用载荷 $P_2 = 7$ kN。试求桁架中杆 1、2、3、4 和 5 的内力。

解 (1) 求约束反力。先取整体研究,受力如图 3-22(a)所示。支座 A、B 的约束反力分别为 $\boldsymbol{F}_{xA}$、$\boldsymbol{F}_{yA}$ 与 $\boldsymbol{F}_B$。列平衡方程有

$$\sum F_{xi} = 0, \quad F_{xA} = 0 \tag{1}$$

$$\sum F_{yi} = 0, \quad F_{yA} + F_B - P_1 - P_2 = 0 \tag{2}$$

$$\sum M_A(\boldsymbol{F}_i) = 0, \quad F_B \times 3 - P_2 \times 2 - P_1 \times 1 = 0 \tag{3}$$

将 $P_1 = 10$ kN, $P_2 = 7$ kN 代入到式(2),(3)解得

$$F_{xA} = 0, F_{yA} = 9\ (\text{kN}), F_B = 8\ (\text{kN}) \tag{4}$$

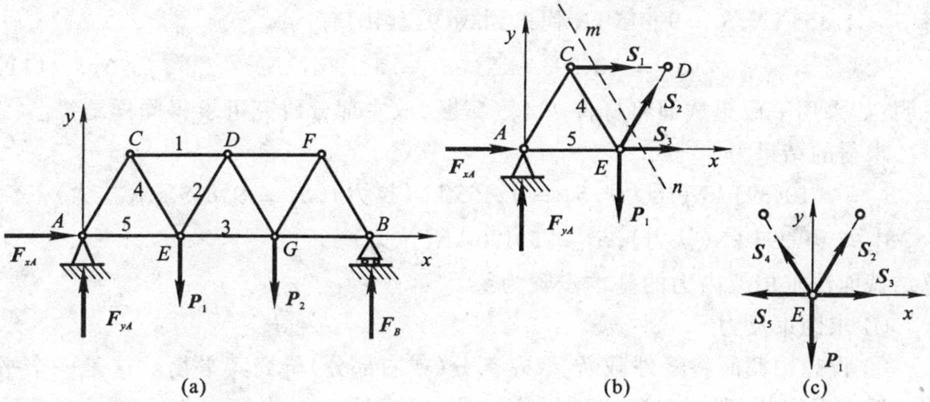

图 3-22　例题 3-9 图

(2) 截面法求 1、2、3 杆内力。设想用截面 m-n 将杆件 1、2、3 截断，取左部分研究，受力如图 3-22(b)所示。力 $\boldsymbol{S}_1$、$\boldsymbol{S}_2$ 和 $\boldsymbol{S}_3$ 为杆件 1、2 和 3 的待求内力，并设为拉力。因整个桁架处于平衡状态，则左部分在杆件内力以及外力、约束反力联合作用下也处于平衡状态。这是一个平面一般力系问题，可解 3 个未知量。因此，在应用截面法求桁架杆件内力时，为避免解过多的联立方程，要求每次截断的杆件数不应超过 3 根。

列平衡方程有(注意 $F_{xA}=0$)

$$\sum M_E(\boldsymbol{F}_i) = 0,\ F_{yA} \times 1 + S_1 \times 1 \times \sin 60° = 0 \tag{5}$$

$$\sum F_{yi} = 0,\qquad F_{yA} + S_2 \sin 60° - P_1 = 0 \tag{6}$$

$$\sum M_D(\boldsymbol{F}_i) = 0, F_{yA} \times (1 + 1 \times \cos 60°) - P_1 \times 1 \times \cos 60° - S_3 \times 1 \times \sin 60° = 0 \tag{7}$$

将 $F_{yA}=9$ kN 代入到式(5)、(6)、(7)解得

$$S_1 = -10.393(\text{kN}), S_2 = 1.155(\text{kN}), S_3 = 9.815(\text{kN}) \tag{8}$$

说明：如果取桁架右半部分研究可得同样的结果；对点 D、E 列力矩式平衡方程，使方程中只含有一个未知量，可避免解联立方程。

(3) 取节点 E 研究，受力图如图 3-22(c)所示。其中，$\boldsymbol{S}_4$、$\boldsymbol{S}_5$ 为杆件 4 和 5 的待求内力。列平衡方程有

$$\sum F_{xi} = 0,\ S_3 + S_2 \cos 60° - S_4 \cos 60° - S_5 = 0 \tag{9}$$

$$\sum F_{yi} = 0, (S_4 + S_2)\sin 60° - P_1 = 0 \tag{10}$$

将 $S_2 = 1.155$ kN、$S_3 = 9.815$ kN 代入到式(9)、(10)有

$$S_4 = 10.393\ (\text{kN}), S_5 = 5.196\ (\text{kN}) \tag{11}$$

说明:如果用一假想截面将杆件 1、4、5 截断,取左部分研究可求得同样结果。

求得的结果为

$S_1 = -10.393$ kN(压力),$S_2 = 1.155$ kN(拉力),$S_3 = 9.815$ kN(拉力),

$S_4 = 10.393$ kN(拉力),$S_5 = 5.196$ kN(拉力)。

总结截面法求桁架内力的基本步骤为:

① 求约束反力。

② 设想用截面将杆件截断,取左部分(或右部分)研究其平衡。这是一个平面一般力系问题,列三个独立的平衡方程,可求解三个未知内力。在每次截取时,首先要求必须将整个桁架截断(即将整个桁架分为两部分),其次要求每次截断的杆件数不应超过 3 根。当截断的杆件数超过 3 根时,它们的内力一般不能全部求出。

③ 作受力图时,各杆内力均假设为拉力,所得结果为正则杆件受拉力,否则杆件受压力。

④ 对未知内力汇交点列力矩式平衡方程,使方程中只含有一个未知量,可简化求解。

小　　结

1. 力线平移定理:把作用在刚体上点 A 的力平行移到平面内的任意一点 B,但必须同时附加一个力偶,这个力偶的矩等于原来的力对新作用点 B 的力矩。

力线平移定理是力系向一点简化的理论基础。

2. 平面一般力系向作用面内任一点 O 简化,一般情况下得到一个力和一个力偶,这个力的大小等于力系的主矢,作用在简化中心;这个力偶等于力系对简化中心 O 的主矩,即

$$\boldsymbol{R}' = \sum \boldsymbol{F}_i, M_O = \sum M_O(\boldsymbol{F}_i)$$

3. 平面一般力系向一点简化的四种可能情况:

(1) $\boldsymbol{R}' = 0, M_O = 0$,力系平衡。

(2) $\boldsymbol{R}' = 0, M_O \neq 0$,简化结果为一力偶,该力偶等于力系的合力偶即 $M =$

M_O,主矩与简化中心 O 无关。

(3) $\boldsymbol{R}' \neq 0, M_O = 0$,简化为一个作用于简化中心的合力。

(4) $\boldsymbol{R}' \neq 0, M_O \neq 0$,简化为一个合力。合力作用线距简化中心 O 点的距离 $d = |M_O / R'|$。

4. 平面一般力系平衡的必要和充分条件:力系的主矢和对于任一点的主矩都等于零。即

$$\boldsymbol{R}' = \sum \boldsymbol{F}_i = 0,\ M_O = \sum M_O(\boldsymbol{F}_i) = 0。$$

平衡方程的一般形式:

$$\sum F_{xi} = 0, \sum F_{yi} = 0, \sum M_O(\boldsymbol{F}_i) = 0。$$

平衡方程的两力矩形式:

$$\sum F_{xi} = 0, \sum M_A(\boldsymbol{F}_i) = 0, \sum M_B(\boldsymbol{F}_i) = 0。$$

其中 A、B 两点的连线不能与 x 轴垂直。

平衡方程的三力矩形式:

$$\sum M_A(\boldsymbol{F}_i) = 0, \sum M_B(\boldsymbol{F}_i) = 0, \sum M_C(\boldsymbol{F}_i) = 0。$$

其中 A、B、C 三点不能共线。

5. 节点法和截面法求简单平面桁架的内力:桁架中的杆都是二力直杆,即各杆件所受的力(内力)都是大小相等,方向相反且沿着杆件轴线的两个力。

节点法:逐个考察每个节点的平衡,应用平面汇交力系的平衡方程求出各杆件的内力。求解时可以用解析法,也可以用图解法。

截面法:适当的选取一截面,假想地把桁架截开,考虑其中任一部分的平衡,列平面一般力系的三个平衡方程,求出这些被截杆件的内力,这就是截面法。

习 题

3-1 图示四个力和一个力偶组成一平面力系。已知 $F_1 = 50$ N, $\theta_1 = \arctan\left(\frac{3}{4}\right)$; $F_2 = 30\sqrt{2}$ N, $\theta_2 = 45°$; $F_3 = 80$ N; $F_4 = 10$ N; $M = 2$ N·m。图中长度单位为 mm。求

(1) 力系向 O 点简化的结果;

(2) 力系的合力 $\boldsymbol{F}_R$ 的大小、方向和作用线位置(以作用线在 x, y 轴上的截距表示)。并将结果用简图表示。

3-2　在上题中，去掉力 F_2，而代之以同平面中大小、方向、作用线都未知的一个力 F_P。力 F_P 与原来的力 F_1、F_3、F_4 以及力偶组成一平面力系。已知此力系合成为一力 F_R，其大小 $F_R = 100$ N，作用线与 x 轴重合，指向右方。试求力 F_P 的大小、方向及其作用线在 x、y 轴上的截距，并用简图表示其结果。

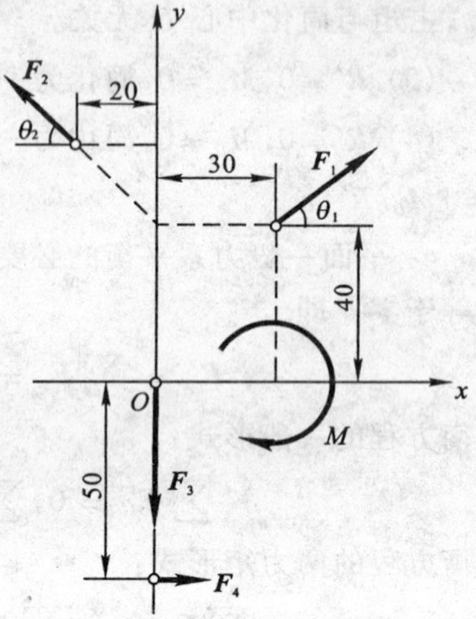

题 3-1 图

3-3　试求图示各梁的支座反力。图中力的单位为 kN，力偶矩的单位为 kN·m，分布载荷集度的单位为 kN/m，尺寸的单位为 m。(提示：建立平衡方程时，不均匀分布载荷的投影之和与力矩之和要用定积分来计算。)

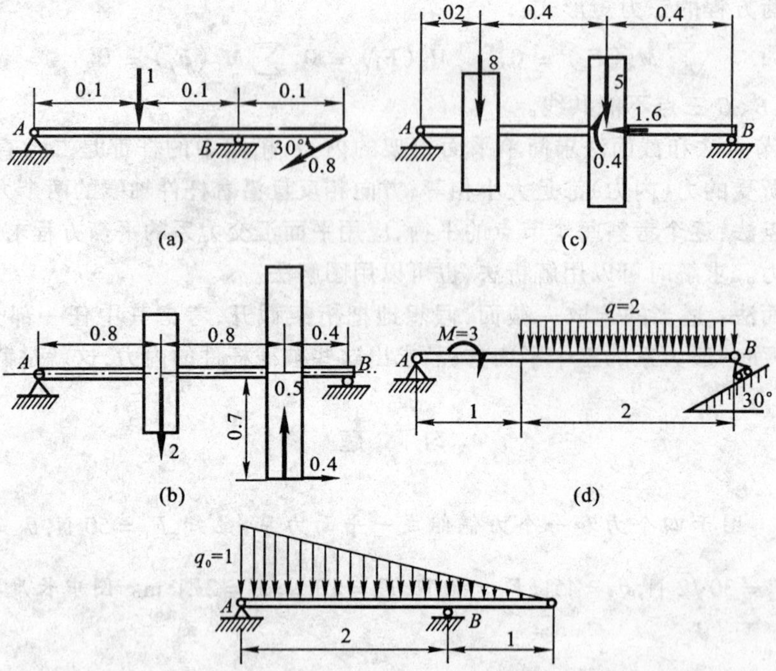

题 3-3 图

3-4　题 3-3 图(d)(e)中,如去掉支座 B,而将 A 处改为固定端支座,试求固定端 A 的反力。

3-5　图示手压泵简图,尺寸的单位为 mm。已知力 $F=200$ N,求通过铰链 B 作用于活塞杆的力。

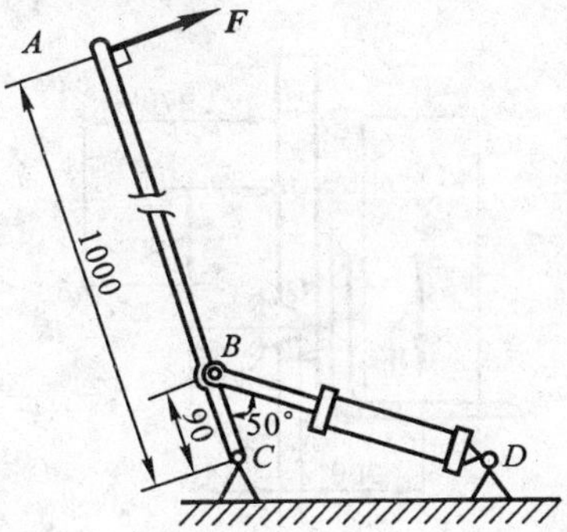

题 3-5 图

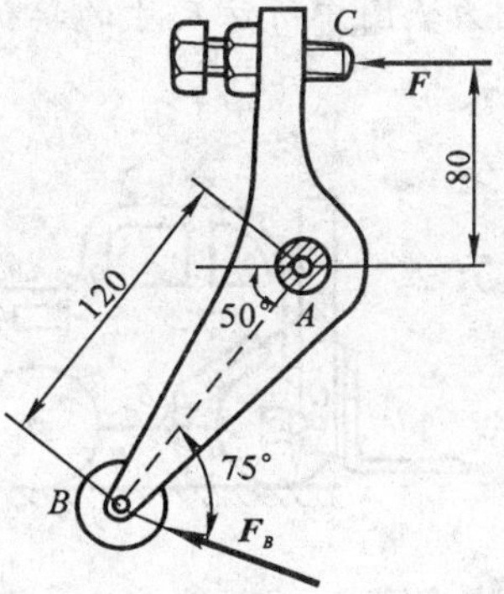

题 3-6 图

3-6　推动阀门开启的曲杠杆 BAC 可绕固定轴 A 转动,图中尺寸的单位为 mm。已知阀杆反力 $F=150$ N,求平衡时凸轮作用于滚子 B 的力 F_B 和轴 A 的反力。

3-7　扳手 ABC 的端部带有圆柱形短销 C。当扳紧螺母时,此短销 C 扣入螺母上的小孔,且以 B 点支持于螺母的外表面。图中尺寸的单位为 mm。设作用于扳手的力 $F=100$ N,求 B、C 两处的反力。

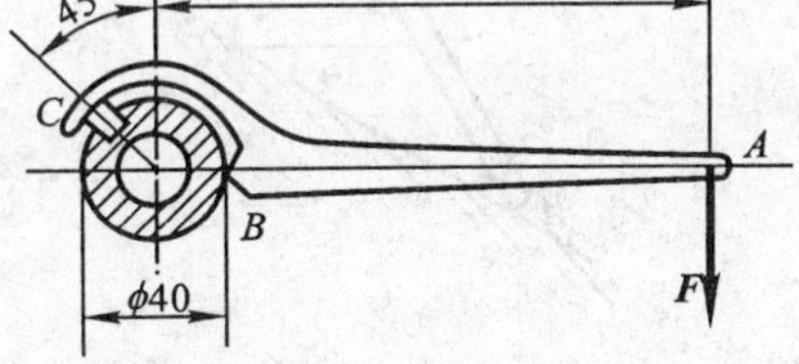

题 3-7 图

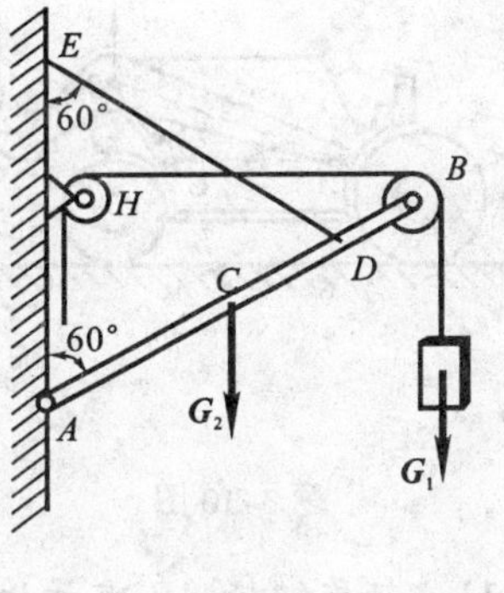

题 3-8 图

3-8　图示简易起重装置。已知载荷重量 $G_1=1000$ N,吊杆 AB 重量 $G_2=200$ N,重心 C 在 AB 的中点,其他重量不计。$AE=4$ m,$BD=1$ m,滑轮大小可以略去。钢丝绳的 BH 段成水平。试求拉索 DE 的拉力和固定铰链支座 A 的反力。

3-9　叉车的起重架具有铰链支座 O，AB 之间装有油缸，可用来调节起重架的位置。已知最大起重量 W 为 50 kN。求平衡时倾斜油缸活塞杆的拉力和支座 O 的反力。图中所注尺寸的单位为 mm。

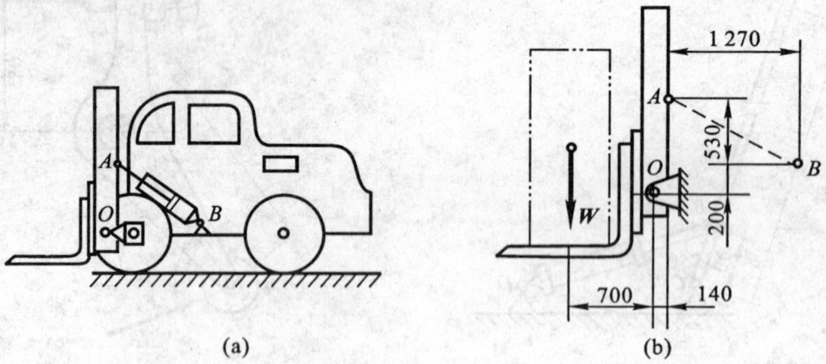

题 3-9 图

3-10　叉车起重臂受到载荷 $P=20$ kN。在图示平衡位置，$BC=1.2$ m，$AC=1.4$ m，$\angle ACB=120°$，且 AC 为水平线。图上尺寸单位为 m。求活塞杆 BC 的推力和支座 A 的反力。

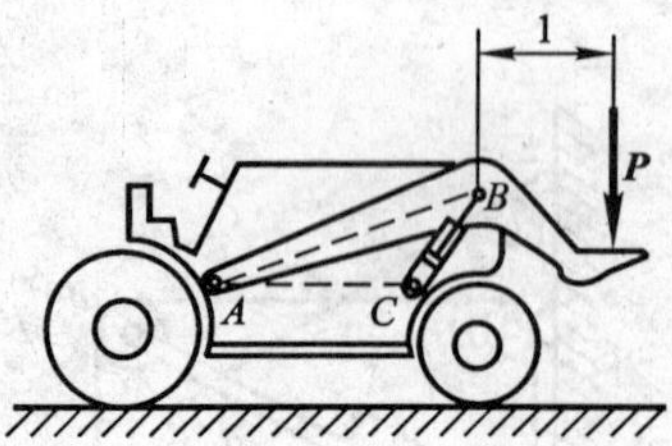

题 3-10 图

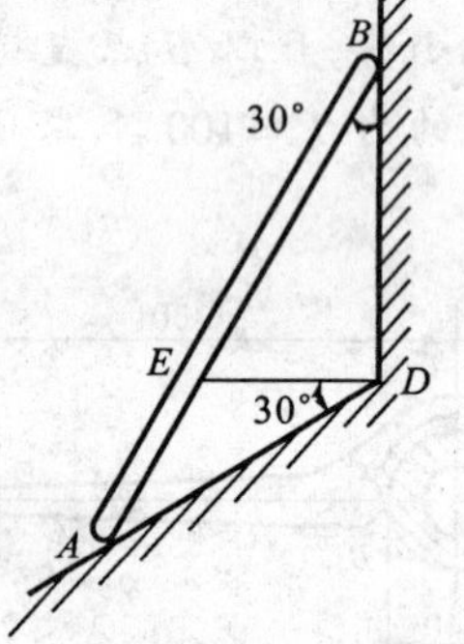

题 3-11 图

3-11　匀质细杆 AB 重量为 P，长度为 $2b$，两端分别搁在光滑的斜面和铅直面上，用一水平细绳 DE 拉住在图示位置保持平衡。求细绳拉力和 A、B 两处的反力。

3-12　液压挖掘机的简图如图所示。铲斗装在弯曲的斗杆 ABC 上，斗杆又

由两根连杆 BD 和 AE 与机身相连。摆动油缸沿对角线 BE 施加推力，使斗杆抬起而进行挖掘。在一定的尺寸组合下，铲斗齿尖 C 的轨迹基本上为一铅直线。已知 $AB=1.1\ \text{m}$，$BC=4.8\ \text{m}$，$\angle ABC=100°$。在图示位置铲斗已达最高位置。已知的铅直挖掘阻力 $\boldsymbol{F}$ 与 BC 成 75° 角，且 $\angle BAE=138°$，$\angle ABE=30°$，$\angle ABD=59°$。试求油缸推力和两连杆所受的力，自重略去不计。

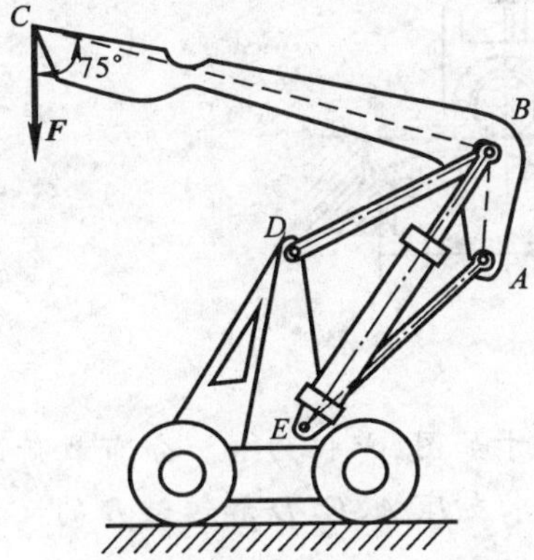

题 3-12 图

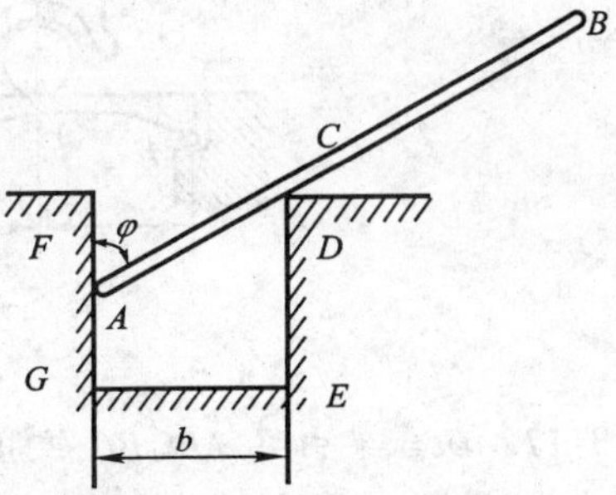

题 3-13 图

3-13　长度为 $2l$，重量为 P 的匀质细杆 AB，斜插在宽度为 b，两壁铅直的凹槽 $DEGF$ 中。设所有接触处都是光滑的，求杆处于平衡时的角度 φ。

3-14　匀质细杆 AB 长度为 l，搁在半径为 r 的半圆形光滑凹槽的 A、D 两点。试求细杆平衡时与水平线的夹角 φ，并进而讨论为实现这种平衡状态杆长 l 应满足的条件。(提示：应考虑到杆太短时将落入槽内，也使这种平衡状态不能实现。)

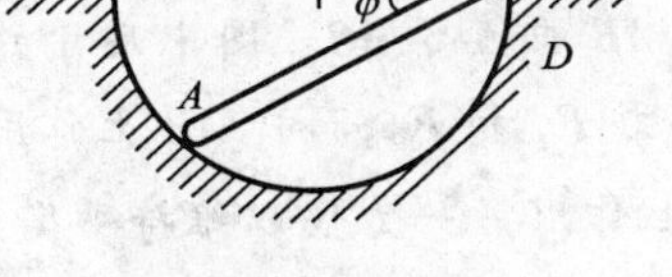

题 3-14 图

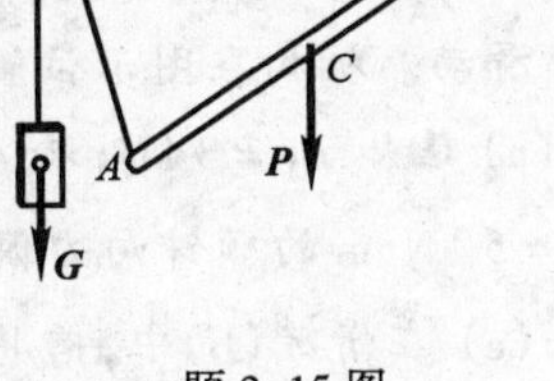

题 3-15 图

3-15　匀质细杆 OA 的重量为 P，可绕光滑铰链 O 转动。杆端连接细绳，细绳跨过光滑小滑轮 B 而悬挂一重量为 G 的物体。已知 $OA=OB=l$，且 OB 成水平；滑轮尺寸略去不计。求平衡时细杆与水平线所成的角度 φ。再设 $P=3G$，

试计算平衡时 φ 角的值，并以简图表示平衡的位置。

3-16　桥梁由构件Ⅰ、Ⅱ组成。汽车总重 100 kN，重心在 C 点。图中尺寸单位为 m。若不计桥梁自重，求支座 A、B、D、E 的反力。

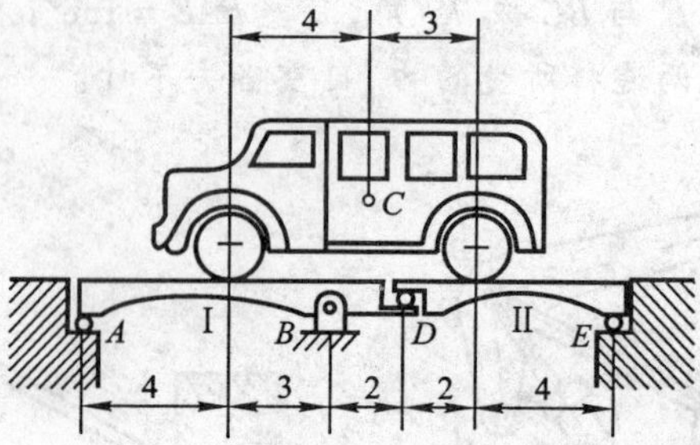

题 3-16 图

3-17　联合梁由梁 AB、BC 铰接而成，尺寸如图，单位为 m。分布载荷的集度按直线规律变化，最大集度 $q_0 = 10$ kN/m。求支座 A、C、D 和铰链 B 的反力。

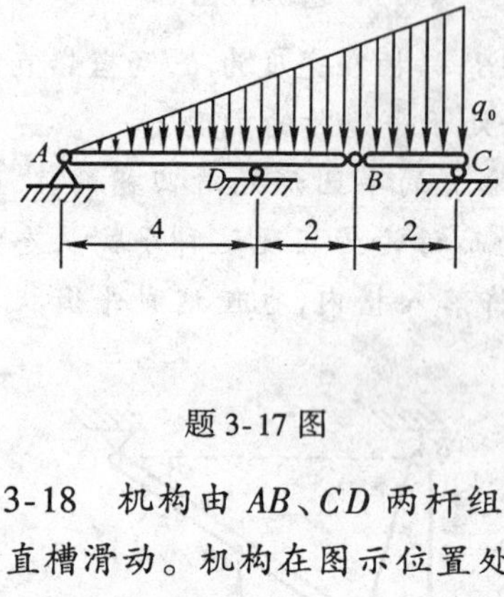

题 3-17 图

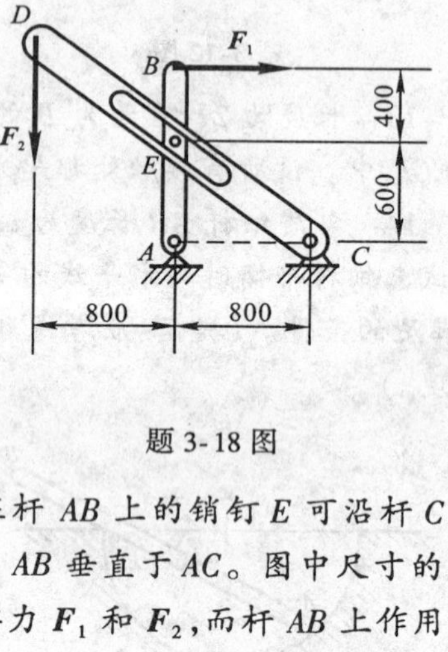

题 3-18 图

3-18　机构由 AB、CD 两杆组成。固连在杆 AB 上的销钉 E 可沿杆 CD 的光滑直槽滑动。机构在图示位置处于平衡，杆 AB 垂直于 AC。图中尺寸的单位为 mm。(a) 已知 $F_1 = 3$ kN，求 F_2；(b) 若去掉力 $\boldsymbol{F}_1$ 和 $\boldsymbol{F}_2$，而杆 AB 上作用一个矩为 $M_1 = 5$ kN·m 的顺钟向力偶，要在杆 CD 上作用另一力偶以维持平衡，求它的矩 M_2；(c) 在情况(b)中，若将求得的力偶 M_2 作用于杆 AB，而将力偶 M_1 作用于杆 CD，问机构是否保持平衡？这与力偶可在作用面内任意移转的性质是否矛盾？请说明理由。

3-19　构架由两等长直杆 AB、BC 铰接而成。已知 AC 成水平，$\theta = \arcsin\left(\dfrac{4}{5}\right)$；

铅直力 $P=0.4$ kN,水平力 $F=1.5$ kN,它们分别作用于两杆的中点 D、E,杆重不计。求支座 A、C 的反力。

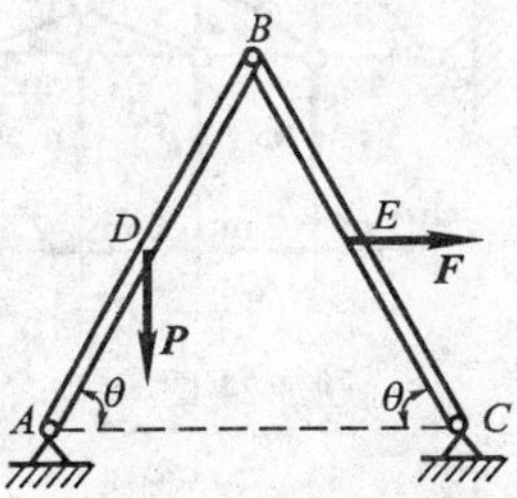

题 3-19 图

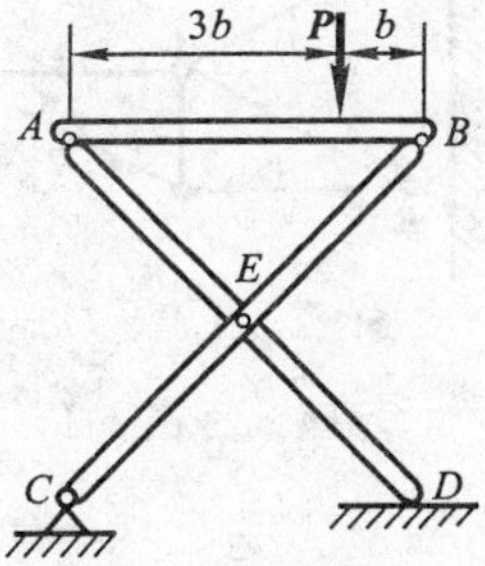

题 3-20 图

3-20　AB、BC、AD 三根直杆铰接成一构架。A、B、D、C 四点正好是一正方形的四个顶点,且 AB 成水平,D 点放在光滑水平面上。已知铅直力 $\boldsymbol{P}$ 和长度 b,不计各杆自重,求 A、B、E 三点的反力。

3-21　直杆 AD、CE 和直角曲杆 BH 铰接成图示构架,图中尺寸的单位为 m。已知水平力 $F=1.2$ kN,杆重不计;H 点支持在光滑水平面上。求铰链 B 的反力。

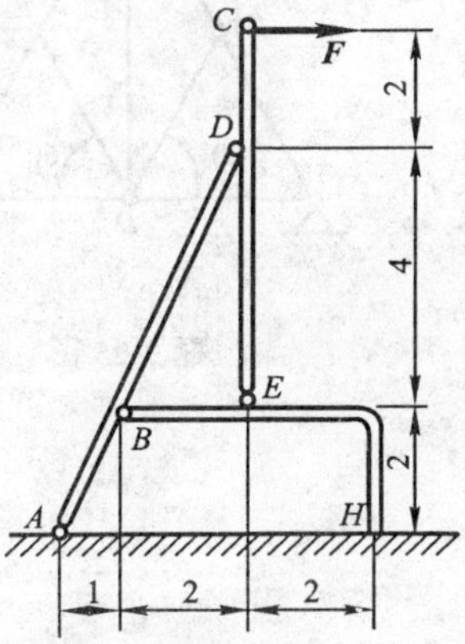

题 3-21 图

3-22　题 3-19 中,力 $\boldsymbol{P}$、$\boldsymbol{F}$ 保持不变,在中间铰链的销钉 B 上再作用一个铅直向下的力 $\boldsymbol{G}$。已知 $G=2$ kN,试求销钉 B 与左杆、右杆之间的作用力。

3-23　平面桁架的载荷如图所示。求各杆的内力。

3-24　平面悬臂桁架所受的载荷如图所示。用截面法求杆 1、2 和 3 的内力。

3-25　平面桁架的支座和载荷如图所示。ABC 为等边三角形,E、F 为两腰中点,又 $AD=DB$。求杆 CD 的内力 $\boldsymbol{S}$。

3-26　桁架受力如图所示,已知:$P_1=10$ kN,$P_2=P_3=20$ kN。试求桁架 6、7、9、10 各杆的内力。

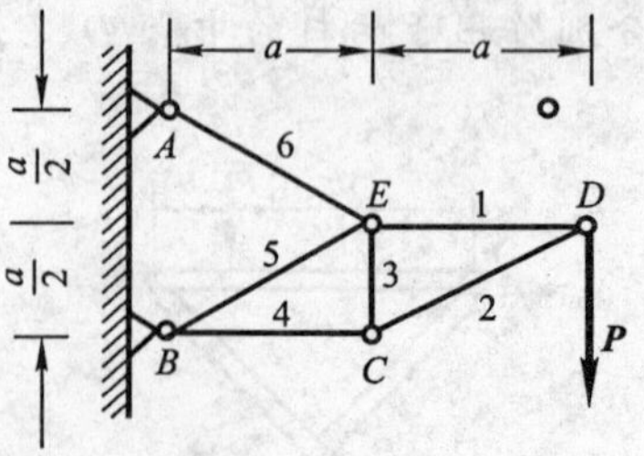

题 3-23 图

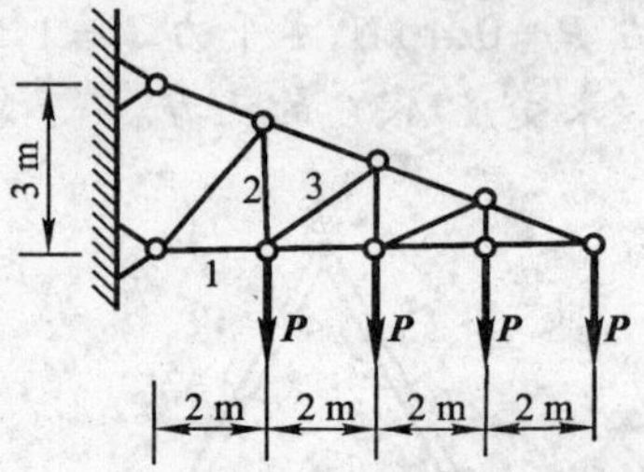

题 3-24 图

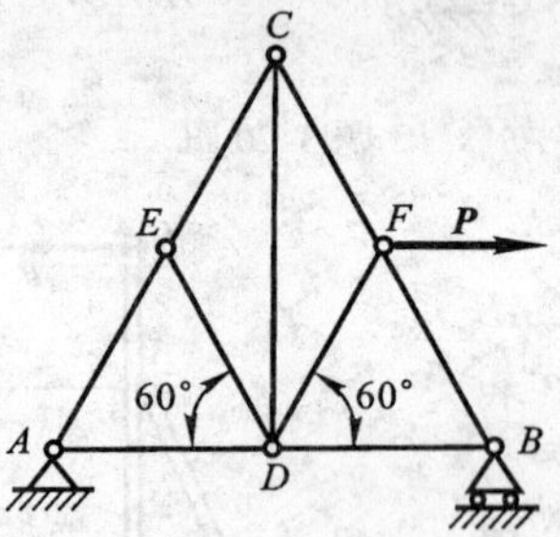

题 3-25 图

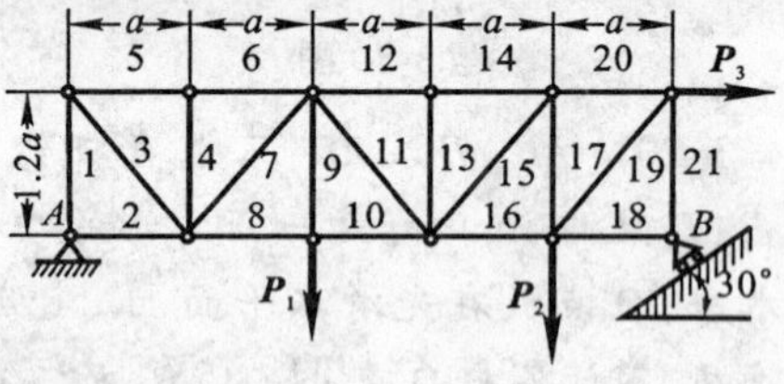

题 3-26 图

第四章 摩 擦

本章主要研究干摩擦问题,重点讨论基于库仑定律的滑动摩擦平衡问题的分析方法。

摩擦存在于生产与生活实际中的每一处与每一时刻,即表现为有害的一面,也表现为有利的一面。研究摩擦规律,就是为了更好地发挥它对生产的积极作用,尽可能地减少它的消极作用。

§4-1 摩擦现象

在前面的研究中,物体相互间的接触面都被假设为理想的光滑接触面,即支承面的约束反力沿着支承面的法线方向,物体沿支承面运动时不受阻碍。然而,事实是一切物体表面都不是绝对的光滑,不同程度的粗糙总是存在的。当物体沿支承面运动时,接触面的凹凸不平使物体的运动受到阻碍,这就是摩擦(friction)。摩擦在生产与生活实际中即表现为有害的一面,也表现为有利的一面,考虑摩擦作用也使工程分析变得复杂得多。当摩擦作用在工程实际问题中不起主要作用或对问题的影响很小时,则可忽略摩擦的作用,而使问题的分析变得简单,如前面各例就是如此。

由于摩擦给各种机械带来多余的阻力,使机械发热、零部件磨损,从而消耗能量,降低效率和使用寿命;在自动调节、精密测量等问题中,即使摩擦很小,也会影响机构的灵敏度和准确性,这是摩擦的有害方面。但在车辆的加速与制动、摩擦传输动力、螺旋连接和尖劈顶重装置等,都是利用摩擦来完成特定的工作,这是摩擦有利的一面。对摩擦问题的研究就是为了更好地发挥它对生产的积极作用,尽可能地减少它的消极作用。

按照接触物体之间的运动情况,摩擦可以分为滑动摩擦(sliding friction force)和滚动摩阻(rolling resistance)。当两接触物体处有相对滑动或相对滑动趋势时,在接触处的公切面内将受到一定的阻力阻碍其滑动,这种现象的摩擦称为滑动摩擦。如活塞在汽缸中的滑动,就是滑动摩擦。当两物体有相对滚动或相对滚动趋势时,物体间产生相对滚动的阻碍称为滚动摩阻。如车轮在地面上的滚动,就是滚动摩阻。

摩擦是极其复杂的物理 – 力学现象,由于物理本质的不同,滑动摩擦又分为干摩擦(dry friction)、湿摩擦和流体摩擦(fluid friction)。如果两物体之间的接触面无润滑地相互接触,它们之间的摩擦称为干摩擦。而由于润滑剂的存在,两物体之间的摩擦称为湿摩擦或半干摩擦。通常所说的摩擦即指干摩擦与半干摩擦。本章主要考虑这种滑动摩擦的平衡问题,并简单介绍滚动摩阻的基本概念。干摩擦理论是阿蒙通(G. Amontons)和库仑(C. – A. de Coulomb)分别于 1699 年和 1781 年在大量实验的基础上相继提出来的。尽管现代摩擦理论已有了很大的发展,但干摩擦理论在工程实际中仍有广泛的应用。流体摩擦是指不同流体层面、流体与固体相互作用而产生的摩擦,相关内容不在本书介绍范围之内。

§4-2　滑动摩擦

一、静滑动摩擦

相互接触的两物体,当其接触表面之间有相对滑动的趋势,但尚保持相对静止时,彼此作用着阻碍相对滑动的阻力,这种摩擦称为静摩擦,相应的阻力称为静滑动摩擦力,简称静摩擦力。

静滑动摩擦力的特性可通过下述实验说明。在非光滑水平面上放一重量为 $\boldsymbol{P}$ 的物块,则物体在重力 $\boldsymbol{P}$ 和支承面约束反力 $\boldsymbol{F}_N$ 的作用下处于静止状态,如图 4-1(a)所示。今在该物体上作用一大小可以改变的水平力 $\boldsymbol{Q}$。当 $\boldsymbol{Q}$ 由零逐渐增大到某一足够大的数值时,物体仍能保持静止。可见支承面对于物体除有法向约束反力 $\boldsymbol{F}_N$ 外,还有一阻止物体沿支承面滑动的约束反力 $\boldsymbol{F}$,此即为静滑动摩擦力,如图 4-1(b)所示。静滑动摩擦力 $\boldsymbol{F}$ 的方向与物体滑动趋势相反,其大小根据物体的平衡条件确定,即

$$\sum F_{xi} = 0 \quad F = Q$$

根据上式知,静滑动摩擦力 $\boldsymbol{F}$ 的大小随水平力 $\boldsymbol{Q}$ 的增大而增大;当 $Q=0$ 时有 $F=0$,即物体没有滑动趋势时也就没有摩擦力。这是静滑动摩擦力与一般约束反力相同的性质。

但是,静滑动摩擦力 $\boldsymbol{F}$ 又与一般约束反力不同,它不能随水平力 $\boldsymbol{Q}$ 的增大而无限度地增大,即静滑动摩擦力有一极限值 $F_{\max}$。当水平力 $\boldsymbol{Q}$ 的大小达到这一极限值时,物体处于将要滑动,但尚未开始滑动的临界状态,只要力 $\boldsymbol{Q}$ 再稍微增大,物体即开始滑动。这一现象表明,当物体处于静平衡的临界状态时,静摩

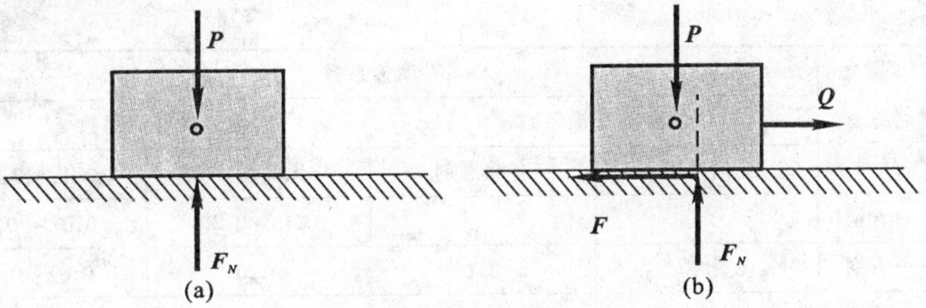

图 4-1　静滑动摩擦与摩擦力

擦力达到最大值 F_{max}，称为最大静滑动摩擦力(maximum static friction force)，简称最大摩擦力。这就是静摩擦力的特点。

综上所述，静滑动摩擦力的大小随主动力的情况而变，但介于零和最大值之间，即

$$0 \leqslant F \leqslant F_{max} \tag{4-1}$$

大量实验证明：最大静滑动摩擦力的方向与相对滑动趋势的方向相反，其大小与两相互接触物体的正压力(法向约束反力)成正比，即

$$F_{max} = fF_N \tag{4-2}$$

这就是通常所说的库仑静滑动摩擦定律(Coulomb law of friction)。式中，无量纲比例系数 f 为静滑动摩擦系数(static friction factor)，简称静摩擦系数。摩擦定律(4-2)指出了利用摩擦和减少摩擦的途径。

静摩擦系数 f 的大小需由实验确定。它与接触物体的材料性质和表面条件(如光洁度、温度和湿度等)有关，通常与接触面积的大小无关。但较精确的实验指出，静摩擦系数还与两物体接触时间和接触压强有关。表 4-1 中列出了部分常用材料的摩擦系数，可供参考使用。

表 4-1　常见材料的滑动摩擦系数

材料名称	摩擦系数			
	静滑动摩擦系数 f		动滑动摩擦系数 f'	
	无润滑剂	有润滑剂	无润滑剂	有润滑剂
钢——钢	0.15	0.10～0.12	0.15	0.05～0.10
钢——铸铁	0.30		0.18	0.05～0.15
钢——青铜	0.15	0.10～0.15	0.15	0.10～0.15
钢——橡胶	0.9		0.6～0.8	
铸铁——铸铁		0.18	0.15	0.07～0.12

续表 4-1

材料名称	摩擦系数			
	静滑动摩擦系数 f		动滑动摩擦系数 f'	
	无润滑剂	有润滑剂	无润滑剂	有润滑剂
铸铁——青铜			0.15 ~ 0.20	0.07 ~ 0.15
青铜——青铜		0.1	0.20	0.07 ~ 0.10
皮革——铸铁	0.30 ~ 0.50	0.15	0.60	0.15
橡胶——铸铁			0.80	0.50
木——木	0.40 ~ 0.60	0.10	0.20 ~ 0.50	0.07 ~ 0.15

注:此表摘自《机械设计手册》(化学工业出版社,1979 年第二版,表 1-9)

倾斜法测定静摩擦系数,它是测定静摩擦系数的一种最简单的方法。将预测的两种材料做成物块和可动平面,如图 4-2(a),逐渐增加斜面的倾角,直到物块刚要沿斜面下滑时为止(即处于下滑的临界状态),量出此临界状态的斜面倾角 α,该角为物块能保持静止的斜面最大倾角,称为静止角。此时,作用在物块上的摩擦力为最大静摩擦力 $\boldsymbol{F}_{max}$,受力如图 4-2(b)。重力 $\boldsymbol{P}$,接触面法向反力 $\boldsymbol{F}_N$ 和最大静摩擦力 $\boldsymbol{F}_{max}$ 组成平衡力系,其自行封闭的力三角形如图 4-2(c)所示,由三角形边角关系和静摩擦定律有

$$\tan\alpha = \frac{F_{max}}{F_N} = \frac{fF_N}{F_N} = f$$

即欲测的静摩擦系数等于静止角的正切。

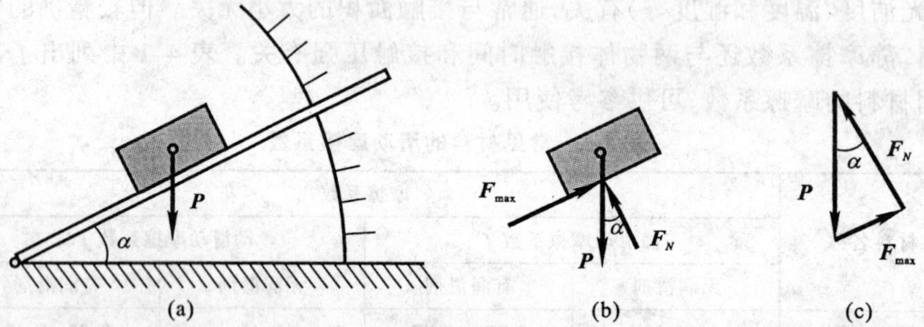

图 4-2　倾斜法测静摩擦系数简图

应该指出,式(4-2)仅是一个近似公式,它远不能完全反映出静滑动摩擦的复杂现象。但由于公式简单,概念明确,并且又有足够的精度,所以在工程实际中被广泛地应用。

二、摩擦角与自锁现象

法向约束反力和切向静摩擦力的合力 $\boldsymbol{R}$ 称为支承面的全反力,它与支承面法线间的夹角 $\varphi = \arctan(F/F_N)$ 将随主动力的变化而变化,如图 4-3(a)所示。当物块达到平衡的临界状态时,静摩擦力达到它的最大值,则临界平衡时的夹角 φ_m 称为静摩擦角(angle of static friction),所以夹角的变化范围为

$$0 \leqslant \varphi \leqslant \varphi_m$$

由图 4-3(b)可知,角 φ_m 与静摩擦系数 f 的关系为

$$\tan \varphi_m = \frac{F_{\max}}{F_N} = \frac{fF_N}{F_N} = f \tag{4-3}$$

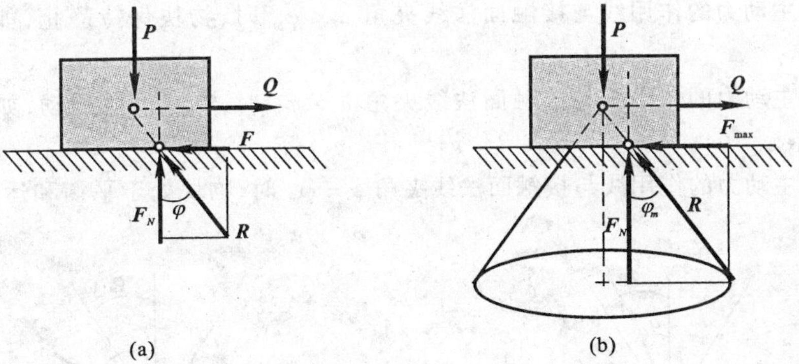

图 4-3　静摩擦角 φ_m 与静摩擦锥

因此,静摩擦角也是表示材料摩擦性质的物理量。全反力的作用线只能在静摩擦角域内产生与变化。

当水平力 $\boldsymbol{Q}$ 在水平面内的任意方向变化时,则相应的最大摩擦力方向或物块的滑动趋势方向亦随之改变,即全反力作用线的方位随之改变。这时,$\boldsymbol{R}$ 的作用线将画出一个以力系汇交点为顶点的圆锥面,如图 4-3(b)所示。该锥面体称为静摩擦锥(cone of static friction),如物体与接触面间的静摩擦系数与方向无关,为常数,则锥的顶角为 $2\varphi_m$。摩擦锥是全反力 $\boldsymbol{R}$ 在三维空间的作用范围。

物块在摩擦条件下平衡时,摩擦力 $\boldsymbol{F}$ 在零与最大静摩擦力 $\boldsymbol{F}_{\max}$ 之间变化,即 $0 \leqslant \varphi \leqslant \varphi_m$。因此,全反力 $\boldsymbol{R}$ 的作用线不能越出静摩擦锥的表面。由此可知:

(1) 如果作用于物体的全部主动力(图 4-3 中的 $\boldsymbol{P}$、$\boldsymbol{Q}$)的合力 $\boldsymbol{R}_w$ 的作用线在静摩擦角 φ_m 之内,则无论这个力怎样大,物体也将保持静止,如图 4-4(a)所

示。这种现象称为自锁现象(self-lock)。因为在这种情况下,主动力的合力 $\boldsymbol{R}_w$ 与全反力 $\boldsymbol{R}$ 必能满足二力平衡条件。由此可得出斜面的自锁条件,当斜面的倾角 α 满足

$$\alpha \leqslant \varphi_m$$

时,物块在自重作用下不沿斜面下滑。工程中的千斤顶、压榨机、圆锥销等就是利用此自锁条件设计的。

(2) 若全部主动力的合力 $\boldsymbol{R}_w$ 的作用线在静摩擦角 φ_m 之外,则无论这个力怎样小,物体也一定会发生滑动,如图 4-4(b)所示。因为此时的主动力合力 $\boldsymbol{R}_w$ 与全反力 $\boldsymbol{R}$ 不能满足二力平衡条件。

综合有:

当主动力的作用线与接触面法线夹角 $\alpha < \varphi_m$ 时,物块保持静止,如图 4-4(a)所示。

当主动力的作用线与接触面法线夹角 $\alpha > \varphi_m$ 时,物块发生运动,如图 4-4(b)所示。

当主动力的作用线与接触面法线夹角 $\alpha = \varphi_m$ 时,物块处于平衡和运动的临界状态。

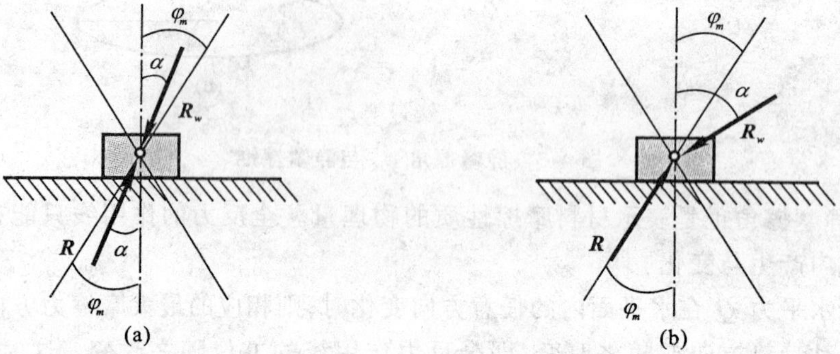

图 4-4 自锁与自锁现象图示

三、动滑动摩擦

当相互接触的两物体,其接触表面之间有相对滑动时,彼此之间作用着阻碍相对滑动的阻力,这种阻力称为动滑动摩擦力(dynamic friction force),简称动摩擦力,以 $\boldsymbol{F}'$ 表示。

由实践和实验结果,得出以下动滑动摩擦的基本定律:

(1) 动滑动摩擦力的方向与接触物体间的相对速度方向相反。

(2) 动滑动摩擦力与接触物体之间的正压力成正比,即

$$F' = f' F_N \tag{4-4}$$

式中,无量纲比例系数 f' 为动滑动摩擦系数(dynamic friction factor),简称动摩擦系数。动摩擦系数 f' 与接触物体的材料和表面条件有关。

动滑动摩擦力与静滑动摩擦力不同,它没有变化范围。

(3) 动摩擦系数小于静摩擦系数,即 $f' < f$。

(4) 比较准确的实验指出,动摩擦系数 f' 还与接触物体间相对滑动速度的大小有关。

在大多数情况下,动摩擦系数随相对滑动速度的增大而稍有减小。当相对滑动速度不大时,动摩擦系数可近似认为是个常数,参阅表 4-1。

§4-3　考虑摩擦时的平衡问题

具有摩擦的平衡问题的分析与没有摩擦的平衡问题基本一样,但由于摩擦力的存在,也有其独自的特点:

(1) 摩擦力 $\boldsymbol{F}$ 除应满足力系的平衡条件外,还应满足摩擦的物理条件,即 $F \leqslant F_{max}$。因此,考虑摩擦的平衡问题的解答往往是以不等式给出的一个范围,称为平衡范围。摩擦力 $F \leqslant F_{max}$ 是考虑摩擦的平衡问题求解的补充方程。

(2) 当研究对象(物体)仅具有滑动趋势,还没有达到临界状态,即当摩擦力 $F < F_{max}$ 时,摩擦力 $\boldsymbol{F}$ 的大小由平衡条件确定,可将其作为一般约束力处理,问题的求解方法与前几章所述的平衡问题一样。称此为第一类问题。

(3) 在临界状态,$F = F_{max}$ 由库仑定律确定,这时问题的研究表现为确定物体的平衡位置或平衡条件。此时,摩擦力的方向与研究对象的滑动趋势的方向相反,不能任意假设。称此为第二类问题。

下面通过例题说明求解方法及注意问题。

例 4-1　图 4-5(a)所示梯子 AB 一端靠在铅直光滑墙壁上,另一端搁在水平地面上。设梯子与地面之间的摩擦系数为 f;梯子为均质杆,重为 W。试求:

1. 若梯子在倾角 α_1 的位置保持平衡,求约束反力 $\boldsymbol{F}_{NA}$,$\boldsymbol{F}_{NB}$ 及摩擦力 $\boldsymbol{F}$。假设 α_1 足够大。

2. 若使梯子不致滑到,求其倾角 α_1 的范围。

解　设梯子长为 l,重心在中点。

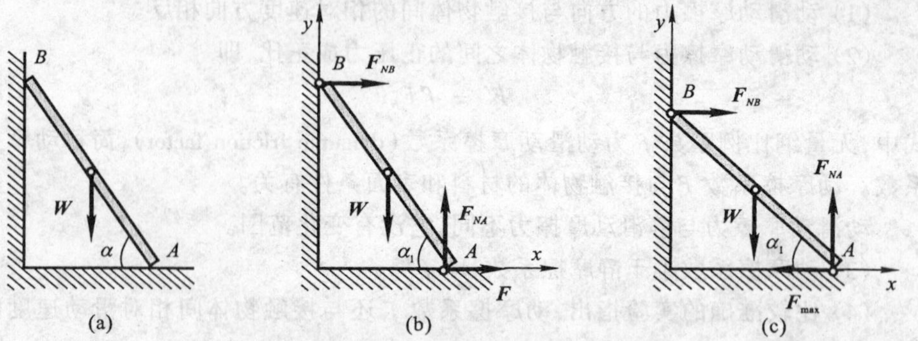

图 4-5　例题 4-1 图

求问题 1:这是第一类问题,即摩擦力 $F < F_{max}$。梯子受力如图 4-5(b)所示,将摩擦力 $\boldsymbol{F}$ 作为一般约束力处理,设其方向水平向右。

列平衡方程为

$$\sum F_{xi} = 0, \quad F_{NB} + F = 0 \tag{1}$$

$$\sum F_{yi} = 0, \quad F_{NA} - W = 0 \tag{2}$$

$$\sum M_A(\boldsymbol{F}_i) = 0, \; F_{NB} l \sin \alpha_1 - W \frac{l}{2} \cos \alpha_1 = 0 \tag{3}$$

由式(3)、(2)有

$$F_{NA} = W, \quad F_{NB} = \frac{W}{2} \cot \alpha_1 \tag{4}$$

将 F_{NB}代入式(1)得

$$F = -\frac{W}{2} \cot \alpha_1 \tag{5}$$

与前几章求约束反力一样,摩擦力 $F < 0$ 的结果表明图 4-5(b)所设摩擦力 $\boldsymbol{F}$ 的方向与实际方向相反。事实上,由常识知道,图 4-5(b)所示之梯子 A 端具有向右滑动的趋势,因此,相应摩擦力的方向必向左。

求问题 2:这是一个求平衡范围的问题,应通过研究其临界平衡状态入手(摩擦力 $\boldsymbol{F} = \boldsymbol{F}_{max}$),因此,属于第二类问题,即摩擦力的方向必须根据梯子在地面上的滑动趋势预先确定。此时,梯子受力如图 4-5(c)所示,则平衡方程和物理方程分别为

平衡方程　$$\sum F_{xi} = 0, \quad F_{NB} - F_{max} = 0 \tag{6}$$

$$\sum F_{yi} = 0, \quad F_{NA} - W = 0 \tag{7}$$

$$\sum M_A(\boldsymbol{F}_i) = 0, \quad F_{NB} l \sin\alpha - W\frac{l}{2}\cos\alpha = 0 \tag{8}$$

物理方程　$F_{max} = fF_{NA}$　(9)

由式(7)、(9)和(6)得

$$F_{NA} = W, F_{max} = fW, F_{NB} = fW \tag{10}$$

再由式(8)得保持平衡时梯子的临界角度

$$\alpha = \text{arccot}(2f) \tag{11}$$

由常识知道,角越大梯子越易保持平衡,故平衡时梯子对地面的倾角范围为

$$\alpha \geqslant \text{arccot}(2f) \tag{12}$$

注意,在问题 2 的求解过程中,若将摩擦力 $\boldsymbol{F}_{max}$的方向设错,将得到

$$\alpha' = \text{arccot}(-2f)$$

这时所求得的倾角为负值或 $180 - \alpha$,二者都不是所要求的梯子与地面之间的倾角。可见,在临界状态,若将摩擦力 $\boldsymbol{F}_{max}$的方向设错,便会得到错误的结果,因为此时的摩擦力由库仑定律确定,它虽然满足平衡条件,但不是由平衡条件确定。这是与第一类摩擦平衡问题的重要区别。

例 4-2　重量为 P 的物块放在固定斜面上,斜面的倾角为 α,且 α 大于接触面的静摩擦角 φ_m,已知物块与接触斜面之间的静摩擦系数为 f。为使物块在斜面上保持静止,在其上加一水平力 $\boldsymbol{F}_1$,如图 4-6(a)所示。求:$\boldsymbol{F}_1$ 值的范围。

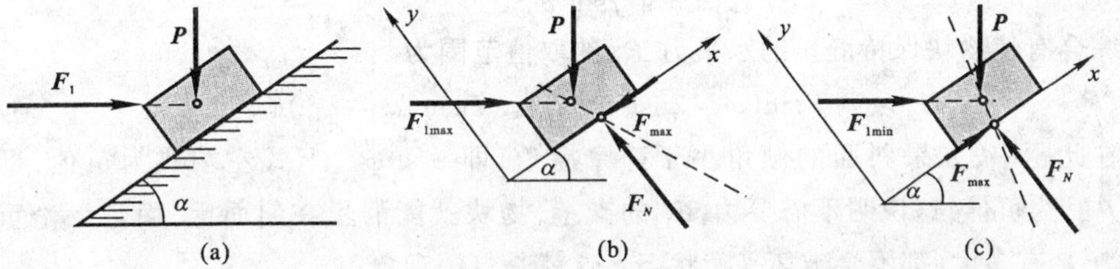

图 4-6　例题 4-2 图

解　如果力 $\boldsymbol{F}_1$ 太小,物块将沿斜面向下滑动,如果力 $\boldsymbol{F}_1$ 太大,物块将向上运动。故 $\boldsymbol{F}_1$ 值在一定范围内都能使物体静止。求解时,应分别对物块向下与向上滑动的临界平衡状态进行研究,由此得出物块平衡时 $\boldsymbol{F}_1$ 的范围。

(1) 先求 $\boldsymbol{F}_1$的最大值 $\boldsymbol{F}_{1max}$。在力 $\boldsymbol{F}_{1max}$作用下,物块处于由静止转入向上滑动的临界状态,它所受到的摩擦力沿斜面向下,并达到最大值 $\boldsymbol{F}_{max}$。物块的受

力如图 4-6(b)所示,其中力 $\boldsymbol{F}_N$ 是斜面的法向约束反力。这是一个平面汇交力系问题,建立直角坐标如图。列平衡方程

$$\sum F_{xi} = 0 \quad F_{1\max}\cos\alpha - P\sin\alpha - F_{\max} = 0 \qquad ①$$

$$\sum F_{yi} = 0 \quad F_N - P\cos\alpha - F_{1\max}\sin\alpha = 0 \qquad ②$$

在滑动的临界状态: $F_{\max} = fF_N$ ③

由式②,③得

$$F_{\max} = f(P\cos\alpha + F_{1\max}\sin\alpha) \qquad ④$$

将式④代入式①得

$$F_{1\max} = \frac{\sin\alpha + f\cos\alpha}{\cos\alpha - f\sin\alpha}P = P\tan(\alpha + \varphi_m) \qquad ⑤$$

(2) 再求 F_1 的最小值 $\boldsymbol{F}_{1\min}$。在力 $\boldsymbol{F}_{1\min}$ 作用下,物块处于由静止转入向下滑动的临界状态,它所受到的摩擦力沿斜面向上,并达到最大值 $\boldsymbol{F}_{\max}$。物块的受力如图 4-6(c)所示。列平衡方程

$$\sum F_{xi} = 0 \quad F_{1\min}\cos\alpha - P\sin\alpha + F_{\max} = 0 \qquad ⑥$$

$$\sum F_{yi} = 0 \quad F_N - P\cos\alpha - F_{1\min}\sin\alpha = 0 \qquad ⑦$$

在滑动的临界状态: $F_{\max} = fF_N$ ⑧

解得

$$F_{1\min} = \frac{\sin\alpha - f\cos\alpha}{\cos\alpha + f\sin\alpha}P = P\tan(\alpha - \varphi_m) \qquad ⑨$$

综合有使物块保持静止的水平力 $\boldsymbol{F}_1$ 的取值范围为

$$P\tan(\alpha - \varphi_m) \leqslant F_1 \leqslant P\tan(\alpha + \varphi_m) \qquad ⑩$$

在此题中,如果斜面的倾角小于静摩擦角,即 $\alpha < \varphi_m$,上式左端成为负值,即 $F_{1\min}$为负值;这说明不需要力 $\boldsymbol{F}_1$ 的支持,物块就能静止在斜面上,而且无论重力 $\boldsymbol{P}$ 有多大,都不会破坏平衡状态。这就是自锁现象。

本题也可以用汇交力系的几何法求解,即由摩擦角和平衡的几何条件求解。受力分析时应将 $\boldsymbol{F}_N$ 和 $\boldsymbol{F}_{\max}$ 用全反力 $\boldsymbol{R}$ 替代。$\boldsymbol{R}$ 的方向已知,由静摩擦角决定,即 $\boldsymbol{R}$ 的作用线偏离斜面法向的角度为静摩擦角 φ_m;大小未知,但满足平衡的几何条件,即力的三角形自行封闭。两种临界状态的力三角形如图 4-7(a)、(b)所示。

则分别求得

$$F_{1\max} = P\tan(\alpha + \varphi_m), \quad F_{1\min} = P\tan(\alpha - \varphi_m)$$

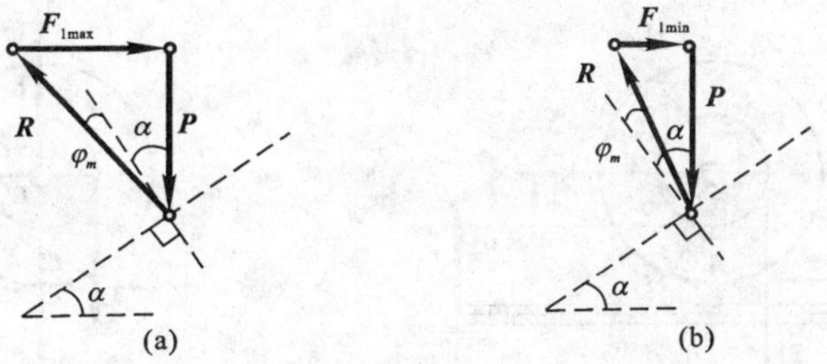

图 4-7　例题 4-2 之几何法求解图示

例 4-3　制动器的构造与主要尺寸如图 4-8(a)所示,制动块与鼓轮表面之间的摩擦系数为 f。试求制动鼓轮转动所需的最小制动力 P。

解　现取鼓轮为研究对象,受力如图 4-8(b)所示。轴心受有轴承反力 $\boldsymbol{F}_{o1x}$ 和 $\boldsymbol{F}_{o1y}$ 作用。鼓轮在拉力 $\boldsymbol{T}(T=G)$作用下有逆时针转动的趋势,因此,制动块除给鼓轮正压力 $\boldsymbol{F}_{NC}$ 外,还有一个向左的摩擦力 $\boldsymbol{F}$。为了保持鼓轮平衡,摩擦力 $\boldsymbol{F}$ 应满足平衡方程

$$\sum M_{o1}(\boldsymbol{F}_i)=0 \quad FR-Tr=0 \tag{1}$$

解得

$$F=\frac{r}{R}T=\frac{r}{R}G \tag{2}$$

由式(2)可以看出,摩擦力 $\boldsymbol{F}$ 的大小由平衡条件确定,是一个常数,与摩擦的物理因素无关。

再取杠杆 OAB 研究,受力情况如图 4-8(c)所示。在约束 O 处,杠杆 OAB 受有反力 $\boldsymbol{F}_{Ox}$ 和 $\boldsymbol{F}_{Oy}$ 作用;根据作用与反作用定律,制动块受鼓轮作用有正压力 $\boldsymbol{F}'_{NC}=-\boldsymbol{F}_{NC}$、摩擦力 $\boldsymbol{F}'=-\boldsymbol{F}$。为了建立 $\boldsymbol{P}$ 与 $\boldsymbol{F}'_{NC}$ 之间的关系,列力矩式平衡方程

$$\sum M_O(\boldsymbol{F}_i)=0 \quad Pa-F'_{NC}b+F'c=0 \tag{3}$$

在式(3)中,$\boldsymbol{F}'_{NC}$ 的大小未定,但由于摩擦力 $\boldsymbol{F}$ 为常数,则当外力 $\boldsymbol{P}$ 增大时,$\boldsymbol{F}'_{NC}$ 亦随之增大。另一方面,摩擦力 $\boldsymbol{F}$ 还应满足摩擦的物理条件,即 $F\leqslant F_{max}$。在鼓轮制动的临界状态,摩擦力 $F=fF_{NC}$,由此有 $\boldsymbol{F}_{NC}$ 的最小值

$$F_{NC\min}=\frac{F}{f}=\frac{r}{fR}G \tag{4}$$

$F_{NC\min}$ 是制动鼓轮所需的最小正压力。将 $F'=F$、$F'_{NC}=F'_{NC\min}=F_{NC\min}$ 代入到式(3),有制动鼓轮所需的最小外力

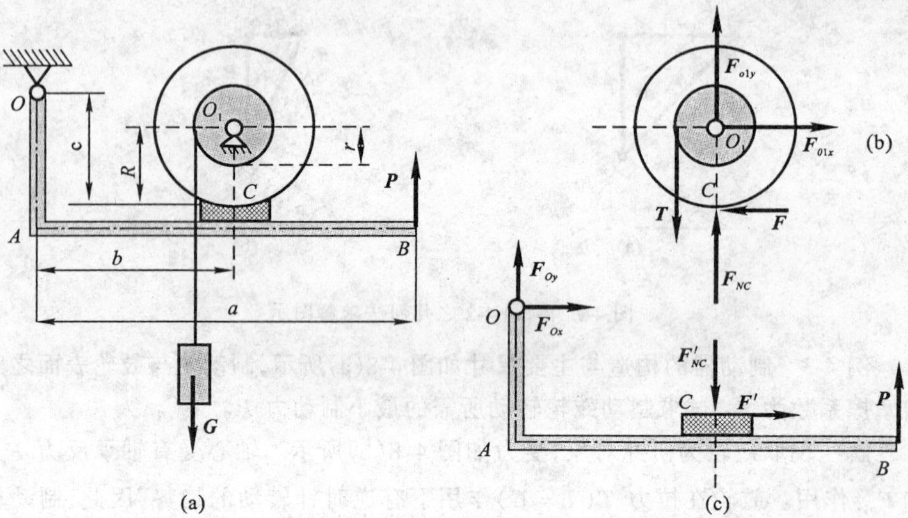

图 4-8　例题 4-3 图

$$P_{\min} = \frac{rG}{Ra}\left(\frac{b}{f} - c\right) \tag{5}$$

即:欲制动鼓轮,在 B 端所施加的外力应满足

$$P \geqslant P_{\min} = \frac{rG}{Ra}\left(\frac{b}{f} - c\right) \tag{6}$$

§4-4　滚动摩阻的概念

滚动摩阻是指一物体沿另一物体表面作相对滚动或具有滚动趋势时的阻碍,它是由相互接触的物体发生变形而引起的。由实践知道,使滚子滚动比使它滑动省力。所以,在生产实际中经常用滚动代替滑动,以提高效率。然而,滚动代替滑动为何会省力,而阻碍轮子滚动的机械作用是什么?是本节要介绍的内容。

在固定水平面上放置一重为 P、半径为 r 的圆轮,则圆轮在重力 $\boldsymbol{P}$ 和支承面的约束反力 $\boldsymbol{F}_N$ 作用下处于静止状态,由平衡条件有 $\boldsymbol{F}_N = -\boldsymbol{P}$,如图 4-9(a)所示。如在圆轮的中心 O 加一水平力 $\boldsymbol{Q}$,则在支承面与圆轮的接触处产生滑动摩擦力 $\boldsymbol{F}$,如图 4-9(b)所示。若力 $\boldsymbol{Q}$ 不大时,圆轮既不滑动也不滚动,由平衡条件有 $\boldsymbol{F} = -\boldsymbol{Q}$,静摩擦力 $\boldsymbol{F}$ 阻止了圆轮的滑动,但与力 $\boldsymbol{Q}$ 构成了一使圆轮滚动的力偶($\boldsymbol{F}, \boldsymbol{Q}$),其力偶矩的大小为 rQ。而实际上圆轮是静止的,可见支承面对圆轮除有法向约束反力 $\boldsymbol{F}_N$ 和切向摩擦力 $\boldsymbol{F}$ 外,还应存在一个阻碍圆轮滚动的反力偶,该反力偶称为滚动摩阻力偶,用 $\boldsymbol{M}$ 表示,由平衡条件有 $M = rQ$,如图 4-9(b)所示。

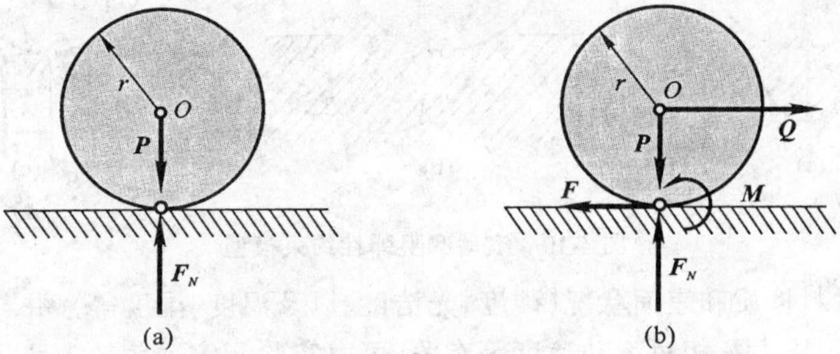

图 4-9　滚动摩阻刚性约束模型

以下通过接触变形说明滚动摩阻产生的原因。

由于物体间的相互接触会使物体发生变形,因此圆轮与支撑面的接触处不是一个点,而是一部分面积(称之为接触面)。如假设圆轮是刚性的,仅支承面发生变形,则圆轮与支撑面的接触变形如图 4-10(a)所示。在图 4-10(a)所示的情形下,接触压力是对称分布的,其合力通过轮心并与 $\boldsymbol{P}$ 平衡,如图 4-9(a)所示。当轮心还受有水平力 $\boldsymbol{Q}$ 作用时,接触压力不再对称分布, 如图 4-10(b)所示。将分布在接触面上的压力向 A 点简化,可得作用在 A 点的一个力和一个力偶,这个力的分力分别为正压力 $\boldsymbol{F}_N$ 与摩擦力 $\boldsymbol{F}$,而这个力偶即为滚动摩阻力偶 $\boldsymbol{M}$,其力偶矩 $M = rQ$。如图 4-9(b)所示。与静滑动摩擦相似,滚动摩阻力偶矩 M 随转动力偶矩 rQ 的增大而增大,当达到某一数值时,圆轮处于将滚未滚的临界状态,此时的滚动摩阻力偶矩达到最大值,用 $M_{\max}$ 表示,称为最大滚动摩阻力偶矩(rolling resistance)。如转动力偶矩再稍微增大,圆轮即开始沿支承面滚动。在滚动过程中,滚动摩阻力偶矩近似等于 $M_{\max}$。

由此可知,滚动摩阻力偶矩 M 的变化范围为

$$0 \leqslant M \leqslant M_{\max} \tag{4-5}$$

实验表明:滚动摩阻力偶矩的最大值 $M_{\max}$ 与圆轮半径无关,而与两个相互接触物体间的正压力(或法向约束反力)成正比,即

$$M_{\max} = \delta F_N \tag{4-6}$$

这就是库仑的滚动摩阻定律。式中的比例因子 δ 称为滚动摩阻系数(factor of rolling resistance),其量纲为长度,单位为厘米或毫米。该系数取决于相互接触物

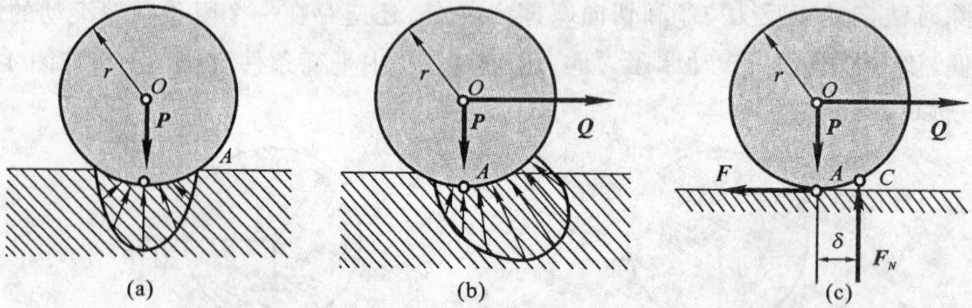

图 4-10　滚动摩阻弹性约束模型

体表面的材料性质和表面状况(硬度、光洁度、以及温度、湿度等),并与接触面的曲率半径、正压力及相对滚动速度等有关,可由实验测定。表 4-2 是几种常见材料的滚动摩阻系数的值。由表 4-2 可见,滚动摩阻系数很小,因此在大多数情况下滚动摩阻可以忽略不计。

表 4-2　常用材料的滚动摩阻系数

材料名称	滚动摩阻系数
软钢——软钢	0.005
淬火钢——淬火钢	0.001
铸铁——铸铁	0.005
木材——钢	0.03 ~ 0.04
木材——木材	0.05 ~ 0.08

注:此表摘自《机械设计手册》(化学工业出版社,1979 年第二版,表 1-11)

利用力系简化定理,可以将正压力 $\boldsymbol{F}_N$ 与最大滚动摩阻力偶矩 $M_{\max}$ 进行简化,合成为一个作用在 C 点的力 $\boldsymbol{F}_N$,如图 4-10(c)所示。由此有滚动摩阻系数 δ 的物理意义为:在圆轮即将滚动时,法向反力 $\boldsymbol{F}_N$ 偏离中心线的最大距离。因此,滚动摩阻系数 δ 具有长度的量纲。

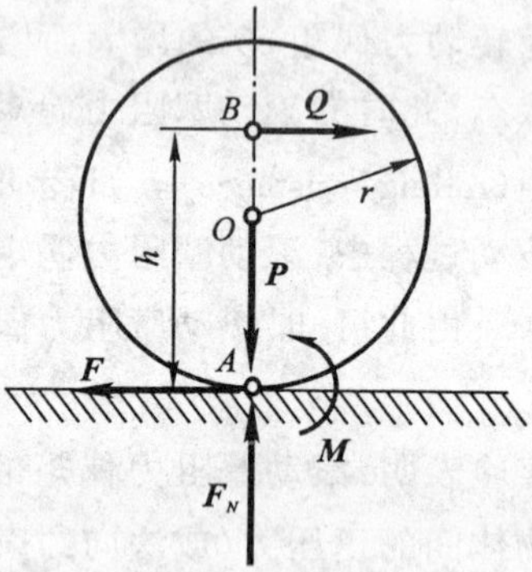

图 4-11　例题 4-4 图

例题 4-4　放置在水平面上的圆轮,其半径为 r,重为 $\boldsymbol{P}$,在轮上 B 点受一水平力 $\boldsymbol{Q}$ 作用,如图 4-11 所示。已知 $AB = h$,圆轮与水平面间的静滑动摩擦系数为 f,滚动摩阻系数为 δ。问维持圆轮平衡的 $\boldsymbol{Q}$ 值为多大。

解 取圆轮为研究对象,受力如图 4-11 所示。在重力 $\boldsymbol{P}$ 和水平力 $\boldsymbol{Q}$ 的作用下,轮与平面在接触点 A 有正压力(约束反力)$\boldsymbol{F}_N$、静摩擦力 $\boldsymbol{F}$ 和滚动摩阻力偶矩 M。根据平衡条件可列出

$$\sum F_{xi} = 0 \quad Q - F = 0 \tag{1}$$

$$\sum F_{yi} = 0 \quad F_N - P = 0 \tag{2}$$

$$\sum M_A(\boldsymbol{F}_i) = 0 \quad M - Qh = 0 \tag{3}$$

由以上各式解得

$$Q = F, F_N = P, M = Qh \tag{4}$$

由于静滑动摩擦力 F 不能超过它的最大值,即

$$Q = F \leqslant F_{\max} = fF_N = fP$$

故有圆轮不滑动条件为

$$Q \leqslant fP \tag{5}$$

其次,静滚动摩阻力偶矩 M 不能超过它的最大值,即

$$M = Qh \leqslant M_{\max} = \delta F_N = \delta P$$

故有圆轮不滚动条件为

$$Q \leqslant \frac{\delta}{h}P \tag{6}$$

可见,要使圆轮既不滑动又不滚动,水平力 Q 必须同时满足

$$Q \leqslant fP \text{ 和 } Q \leqslant \frac{\delta}{h}P \tag{7}$$

通常,δ/h 比 f 小得多,因此,圆轮是否平衡一般由式(7)的第二个条件决定。

通常,使物体滚动比使其滑动省力得多。因此,在机械上,一般都用滚动摩阻来代替滑动摩擦,以减低因摩擦而产生的能量消耗与机械磨损,滚珠轴承的广泛应用,就是这个道理。对于普通具有淬火钢珠的滚珠轴承,其摩擦阻力约为 0.0015 P,P 为轴承上的载荷值;而在滑动式轴承中,摩擦阻力约为 0.06 P ~ 0.08 P,两者比较:滑动式轴承中的摩擦阻力是滚珠轴承摩擦阻力的 40 ~ 50 倍。

小 结

1. 本章讨论了摩擦的基本理论以及具有摩擦的平衡问题的解法,并介绍了摩擦角、自锁概念。

2. 基于简单实验得到的摩擦定律为

(1) 静滑动摩擦力的方向与相对滑动趋势的方向相反,其大小随主动力的情况而变,但介于零和最大值之间,即

$$0 \leqslant F \leqslant F_{max}$$

当物体处于静平衡的临界状态时,静摩擦力达到最大值 F_{max},其大小与两相互接触物体的正压力(法向约束反力)成正比,即

$$F_{max} = fF_N$$

(2) 动滑动摩擦力的方向与接触物体间的相对速度方向相反,其大小与两接触物体之间的正压力成正比,即

$$F' = f'F_N$$

动摩擦系数小于静摩擦系数,即 $f' < f$。

(3) 滚动摩阻力偶矩 M 随转动力偶矩 rQ 的增大而增大,其变化范围为

$$0 \leqslant M \leqslant M_{max}$$

当物体处于滚动的临界状态,滚动摩阻力偶矩达到最大值 M_{max},其大小与滚动物体的半径无关,而与两个相互接触物体间的正压力(或法向约束反力)成正比,即

$$M_{max} = \delta F_N$$

在滚动过程中,滚动摩阻力偶矩近似等于 M_{max}。

3. 摩擦角与自锁现象

(1) 当静摩擦力达到它的最大值 F_{max} 时,全反力 $\boldsymbol{R}$ 的作用线与接触面法线的夹角 φ_m 称为静摩擦角,角度 φ_m 与静摩擦系数 f 的关系为

$$\tan\varphi_m = f$$

(2) 如果作用于物体的全部主动力的合力 $\boldsymbol{R}_w$ 的作用线在静摩擦角 φ_m 之内,则无论这个力怎样大,物体都将保持静止。这种现象称为自锁。

习 题

4-1 重 P 的物体放在倾角为 α 的斜面上,物体与斜面间的摩擦角为 φ,如图所示。如在物体上作用力 $\boldsymbol{Q}$,此力与斜面的交角为 θ,求拉动物体时的 Q 值,并问当角 θ 为何值时,此力为极小。

4-2 简易升降混凝土吊筒装置如图所示。混凝土和吊筒共重 25 kN,吊筒与滑道间的摩擦系数为 0.3。分别求出重物上升和下降时绳子的拉力。

4-3 如图所示,半圆柱体重 P,重心 C 到圆心点 O 的距离为 $a = \frac{4R}{3\pi}$,其中 R

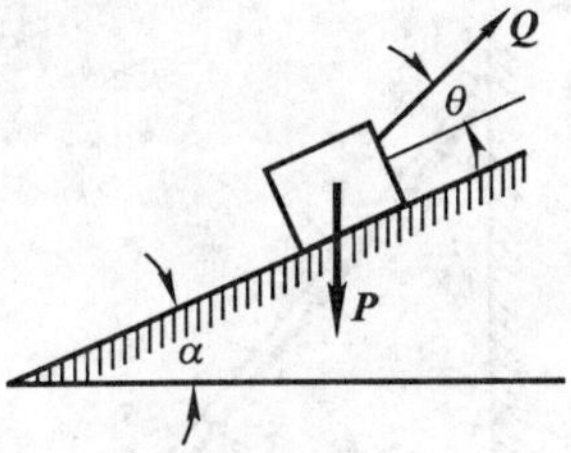

题 4-1 图

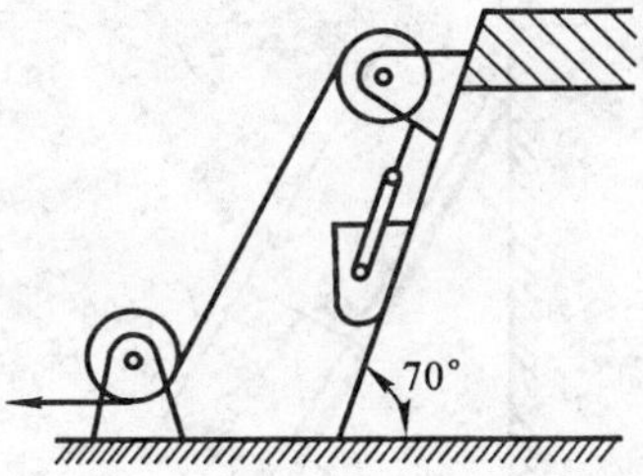

题 4-2 图

为圆柱体半径。如半圆柱体与水平面间的摩擦系数为 f,求半圆柱体被拉动时所偏过的角度 θ。

4-4　如图所示,欲转动一置于 V 型槽中的棒料,需作用一力偶,力偶的矩 $m=1\,500\ \text{N·cm}$。已知棒料重 $G=400\ \text{N}$,直径 $D=25\ \text{cm}$。试求棒料与 V 形槽间的摩擦系数 f。

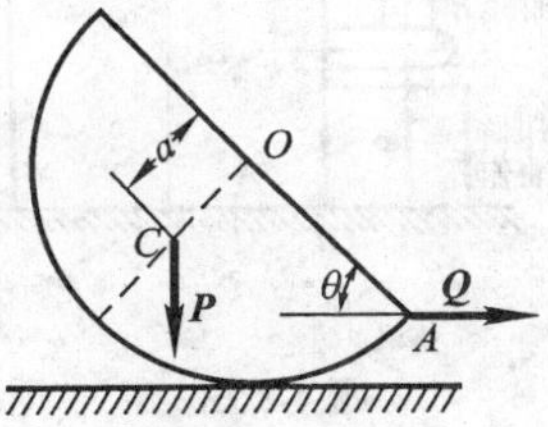

题 4-3 图

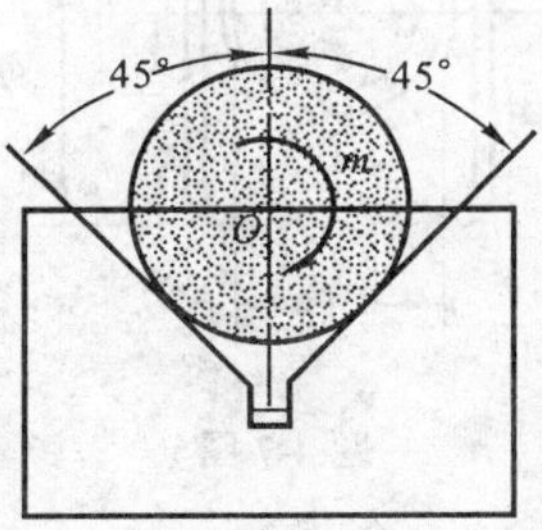

题 4-4 图

4-5　梯子 AB 靠在墙上,其重为 $P=200\ \text{N}$,如图所示。梯长为 l,并与水平面交角 $\theta=60°$。已知接触面间的摩擦系数均为 0.25。今有一重 650 N 的人沿梯上爬,问人所能达到的最高点 C 到 A 点的距离 s 应为多少?

4-6　梯子 AB 重 P,上端靠在光滑的墙上,下端搁在粗糙的地板上,如图所示。摩擦系数为 f。试问当梯子与地面之夹角 α 为何值时,体重 Q 的人才能爬到梯子的顶点?

4-7　如图所示,在闸块制动器的两个杠杆上,分别作用有大小相等的力 $\boldsymbol{F}_1$ 和 $\boldsymbol{F}_2$。试问这些力应为多大,方能使受到力偶作用的轴处于平衡?设力偶矩 $m=160\ \text{N·m}$,摩擦系数为0.2,尺寸如图所示。

4-8　井式热处理炉的炉盖重 $G=2\ \text{kN}$,升降支架由 A、B 两个滑动轴承支持,如图所示。已知轴直径 $d=8\ \text{cm}$,轴承距 $b=47\ \text{cm}$,悬伸距 $a=105\ \text{cm}$,滑动摩擦系数 $f=0.12$。试求油缸需作用多大的力 $\boldsymbol{P}$,才能将炉盖顶起。

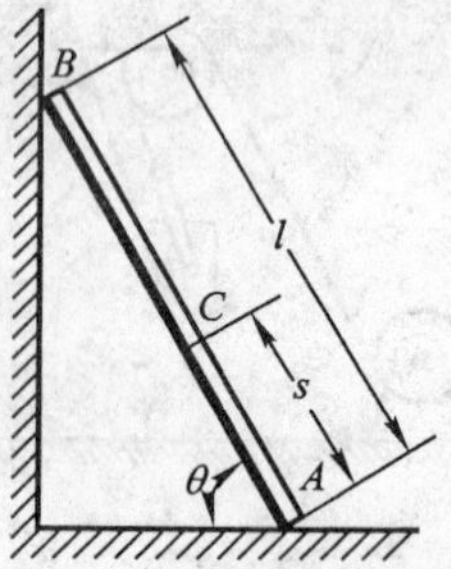

题 4-5 图

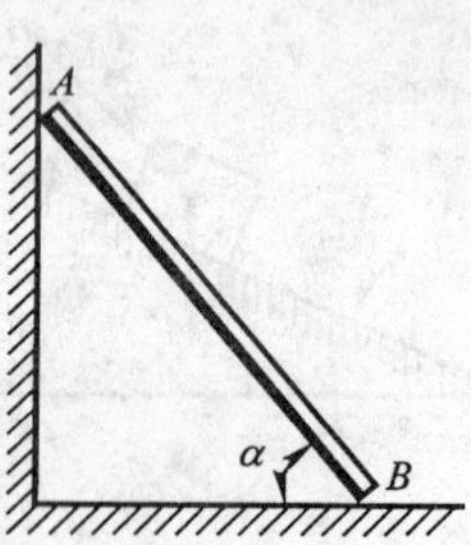

题 4-6 图

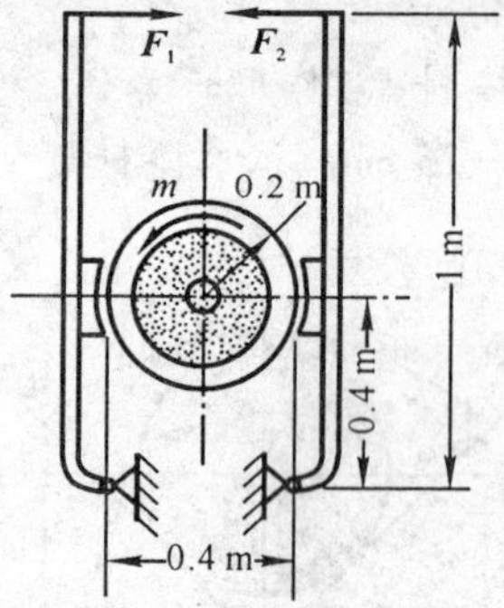

题 4-7 图

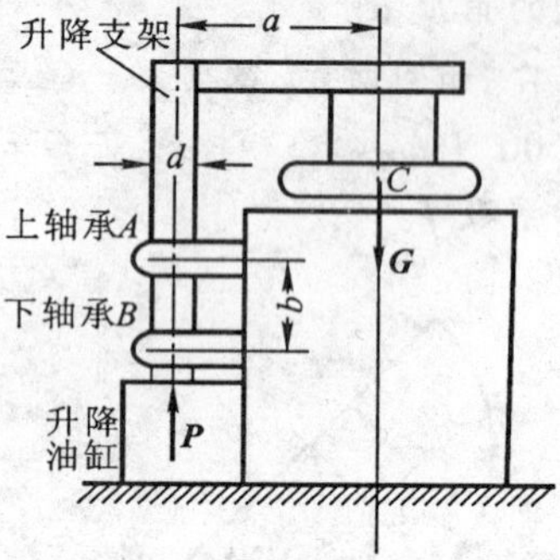

题 4-8 图

4-9　压延机由两轮构成，两轮的直径各为 $d = 50$ cm，轮间的间隙为 $a = 0.5$ cm，两轮反向转动，如图上箭头所示。已知烧红的铁板与铸铁轮间的摩擦系数为 $f = 0.1$，问能压延的铁板的厚度 b 是多少？

提示：欲使机器可操作则铁板必须被两转动轮带动，亦即作用在铁板 A、B 处的法向反作用力和摩擦力的合力必须水平向右。

4-10　鼓轮 B 重 500 N，放在墙角里，如图所示。已知鼓轮与水平地板间的摩擦系数为0.25。而铅直墙壁则假定是绝对光滑的。鼓轮上的绳索下端挂着重物。设半径 $R = 20$ cm，$r = 10$ cm，求平衡时重物 A 的最大重量。

4-11　鼓轮利用双闸块制动器制动，设在杠杆的末端作用有大小为 200 N 的力 $\boldsymbol{P}$，方向与杠杆相垂直，如图所示。试求作用在鼓轮上的制动力矩。已知闸块对鼓轮的摩擦系数 $f = 0.5$，又 $2R = O_1O_2 = KD = DC = O_1A = KL = O_2L = 50$ cm，$O_1B = 75$ cm，$AC = O_1D = 100$ cm，$ED = 25$ cm。制动器各零件的重量和闸块的尺寸均不计。

4-12　如图所示，物体 A、B 分别重 P_A、P_B，各接触面间的摩擦系数都是 f。

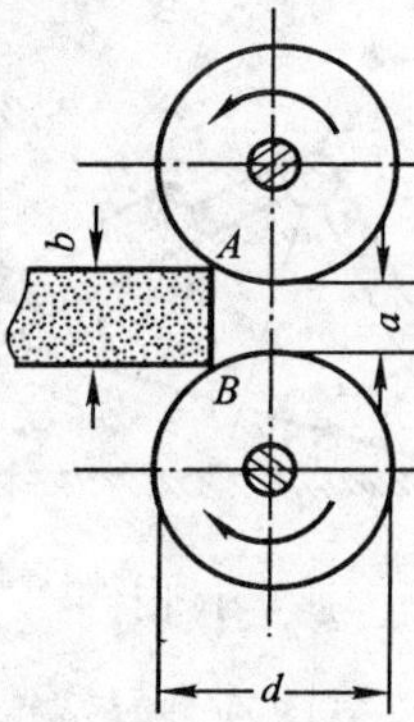

题 4-9 图

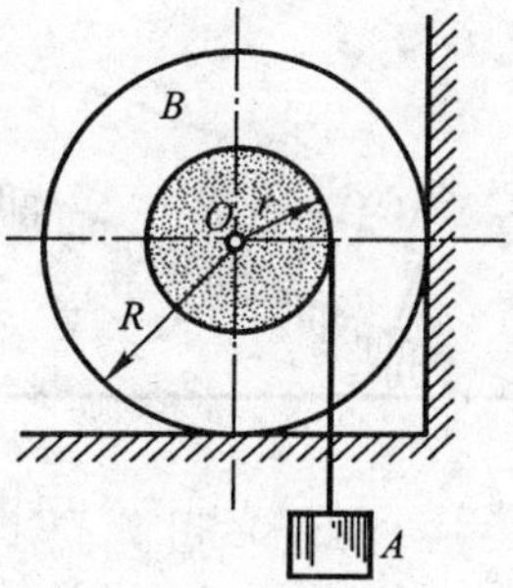

题 4-10 图

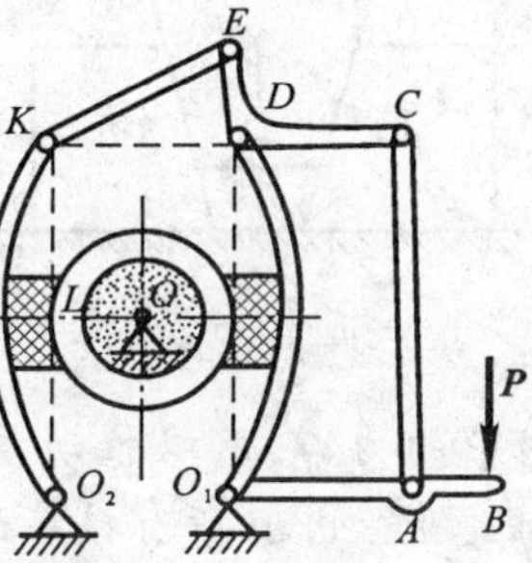

题 4-11 图

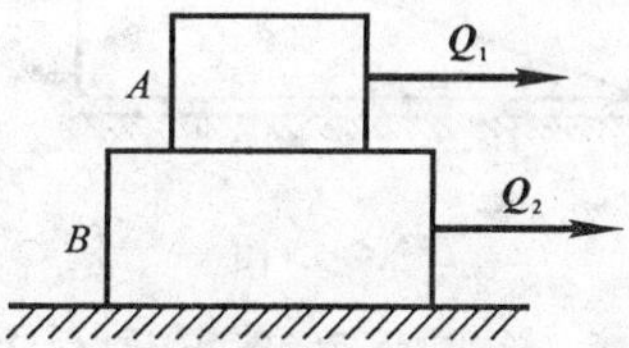

题 4-12 图

设两物体分别受力 $\boldsymbol{Q}_1$、$\boldsymbol{Q}_2$ 作用，且 A 对 B，B 对固定面都即将向右滑动，求力 $\boldsymbol{Q}_1$ 和 $\boldsymbol{Q}_2$ 的大小。

4-13　两个物体用绳连接，放在斜面上，如图所示。已知摩擦系数：对于重为 100N 的物体为 0.2，对于重为 W 的物体为 0.4。试求(1) 当重为 W 的物体能静止于斜面上时，W 的最小值。(2) 当 $W = 800$ N 时，作用于其上的静摩擦力 $\boldsymbol{F}$。

4-14　如图所示，在三棱柱 ABC 的两个斜面 AB 和 BC 上放着两个相同的物块 G 和 H，两者用跨过理想滑轮 B 的细绳连接，两物块与三棱柱间的摩擦系数均为 f，且 $\angle BAC = \angle BCA = 45°$。试求当重物 G 即将开始滑动时，斜面 AC 与水平面所成的夹角 α。

4-15　尖劈顶重装置如图所示。尖劈 A 的顶角为 α，在 B 块上受力 $\boldsymbol{Q}$ 的作用。A 与 B 块间的摩擦系数为 f(其他有滚珠处表示光滑)。如不计 A 和 B 块的重量，试求：(1) 顶住重物所需的力 $\boldsymbol{P}$ 的值；(2) 使重物不向上移动所需的力 $\boldsymbol{P}$

的值。

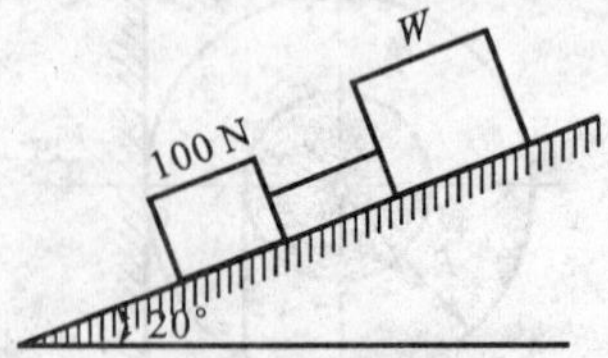

题 4-13 图

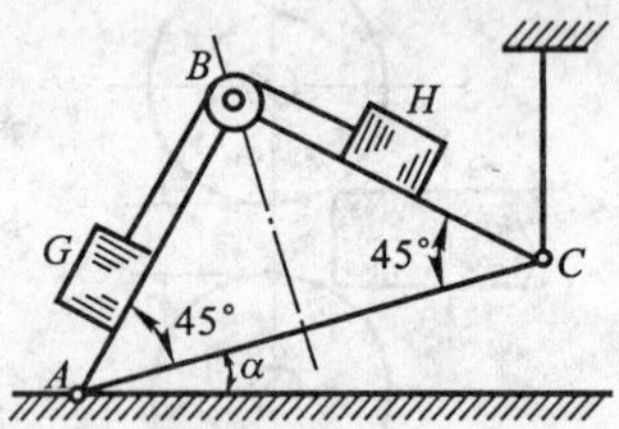

题 4-14 图

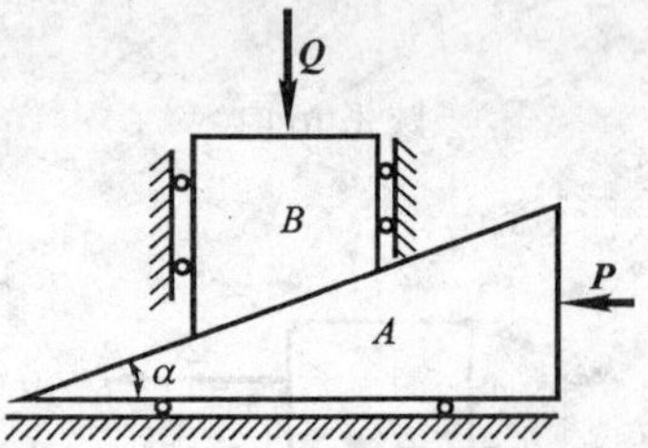

题 4-15 图

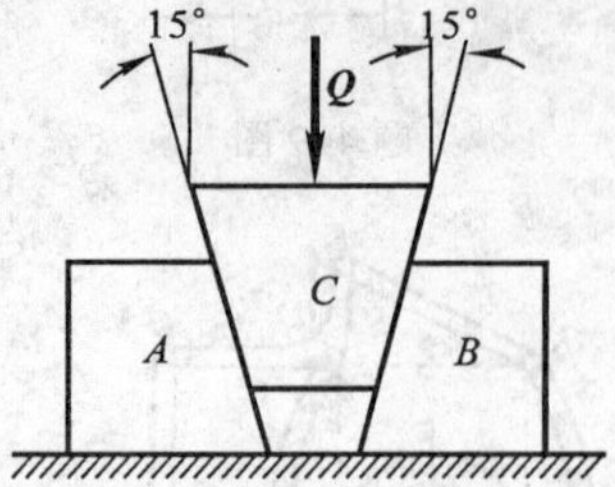

题 4-16 图

4-16　如图所示，在尖劈 C 上作用一铅直向下的力 $\boldsymbol{Q}$，用以推动重物 A 和 B。设 A 和 B 的重量相等，各为 2 000 N，不计 C 的重量，并且所有接触面间的摩擦角均为 $10°$，试求开始推动重物时力 $\boldsymbol{Q}$ 的值。

4-17　均质杆 AB 长 $2b$，重 P，放在水平面和半径为 $\boldsymbol{r}$ 的固定圆柱上。设各处摩擦系数都是 f。试求杆处于平衡时 φ 的最大值。

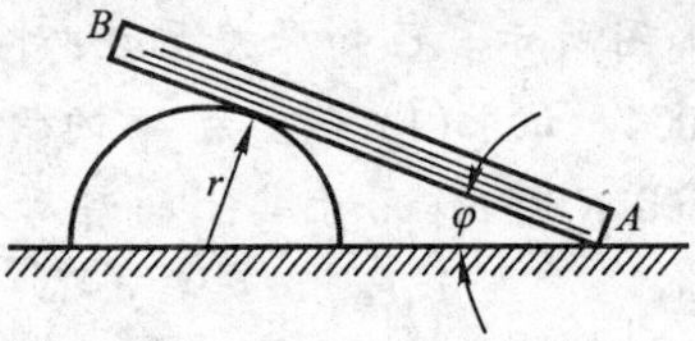

题 4-17 图

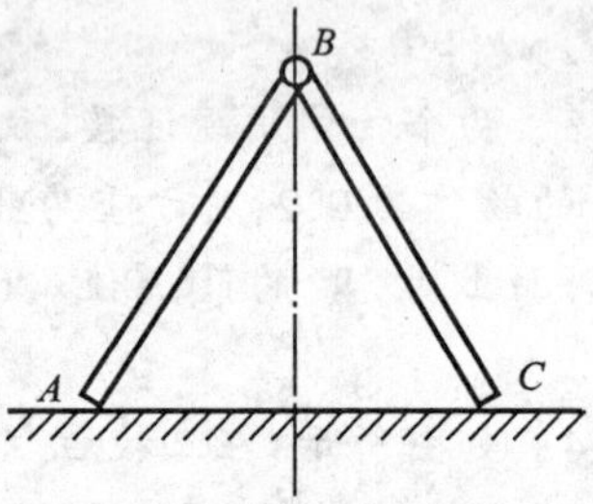

题 4-18 图

4-18　两根相同的匀质杆 AB 和 BC，在端点 B 用光滑的铰链连接，A、C 端放在不光滑的水平面上，如图所示。当 ABC 成等边三角形时，系统在铅直面内处于临界平衡状态。试求杆端与水平面间的摩擦系数。

第五章　空间一般力系

本章研究空间一般力系的简化和平衡。作为空间平行力系的合成,还叙述了物体重心和平行力系中心的概念及坐标公式。力系中各力作用线既不位于同一平面内,也不汇交于一点的力系称为空间一般力系,空间平行力系是其中的特殊形式。

§5-1　概述与工程实例

在工程实际中,经常遇到物体所受力的作用线不在同一平面内,而是在空间分布的,例如车床主轴,除工件 CD 受到切削力 $\boldsymbol{F}_x$、$\boldsymbol{F}_y$、$\boldsymbol{F}_z$ 和在齿轮上的周向力 $\boldsymbol{P}$、径向力 $\boldsymbol{P}_r$ 的作用外,在轴承 A 和止推轴承 B 处还受约束反力作用,如图 5-1 所示。这些力构成一空间一般力系(Three dimensional general forces system)。工程中的起重设备、绞车、高压输电线塔等,都为空间结构。设计这些结构时,需用空间力系的平衡条件进行计算。

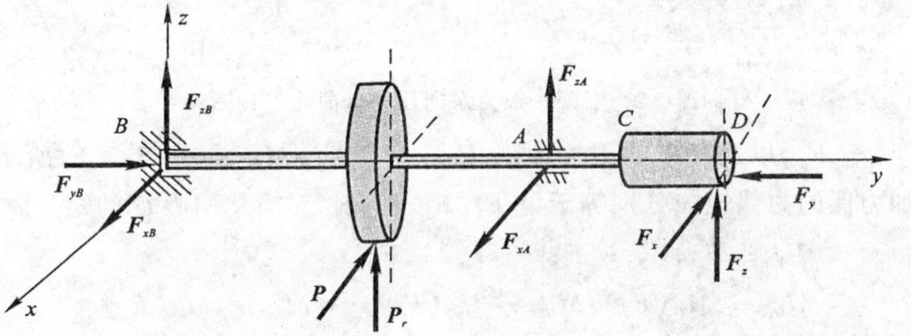

图 5-1　车床主轴

与平面力系一样,空间力系可分为空间汇交力系、空间力偶系和空间一般力系。空间汇交力系和空间力偶系的合成与平衡问题已在第二章讲述过,本章介绍空间一般力系的简化和平衡。

§5-2　空间一般力系向一点简化

与平面一般力系的简化一样,空间一般力系向一点简化一般可得一个力和一个力偶。简化的理论依据仍然是力线平移定理,只是在空间力系中,应当把力对点之矩与力偶矩用矢量表示。

一、空间一般力系向一点简化(Reduction of three dimensional general force system)

如图5-2(a)所示,设在刚体上作用一空间一般力系 $\boldsymbol{F}_1$、$\boldsymbol{F}_2$、…、$\boldsymbol{F}_n$,各力的作用点分别为 A_1、A_2、…、A_n。在刚体内任取一点 O 为简化中心,应用力线平移定理,将力系中的各力逐个平移到简化中心 O。这样,得到作用于点 O 的力

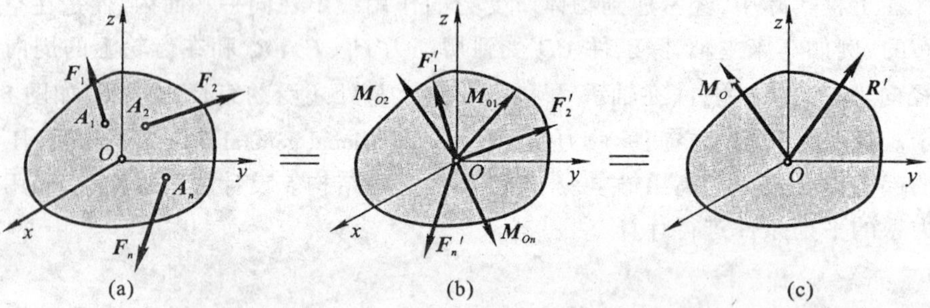

图5-2　空间一般力系向任一点简化过程图

$\boldsymbol{F}_1'$、$\boldsymbol{F}_2'$、…、$\boldsymbol{F}_n'$,以及相应的附加力偶 $\boldsymbol{M}_{O1}$、$\boldsymbol{M}_{O2}$、…、$\boldsymbol{M}_{On}$,如图5-2(b)所示。这些附加力偶的力偶矩矢分别等于力 $\boldsymbol{F}_1$、$\boldsymbol{F}_2$、…、$\boldsymbol{F}_n$ 对简化中心 O 的矩矢。即

$$\boldsymbol{F}_1' = \boldsymbol{F}_1, \boldsymbol{F}_2' = \boldsymbol{F}_2, \cdots, \boldsymbol{F}_n' = \boldsymbol{F}_n$$

$$\boldsymbol{M}_{O1} = \boldsymbol{M}_O(\boldsymbol{F}_1), \boldsymbol{M}_{O2} = \boldsymbol{M}_O(\boldsymbol{F}_2), \cdots, \boldsymbol{M}_{On} = \boldsymbol{M}_O(\boldsymbol{F}_n)$$

作用于 O 点的力 $\boldsymbol{F}_1'$、$\boldsymbol{F}_2'$、…、$\boldsymbol{F}_n'$ 组成一个空间汇交力系,相应的附加力偶 $\boldsymbol{M}_{O1}$、$\boldsymbol{M}_{O2}$、…、$\boldsymbol{M}_{On}$ 组成一个空间力偶系。

应用汇交力系和力偶系的合成理论,再对这两个力系分别合成。作用于 O 点的空间汇交力系 $\boldsymbol{F}_1'$、$\boldsymbol{F}_2'$、…、$\boldsymbol{F}_n'$ 合成为一个力 $\boldsymbol{R}'$,该力的作用点也为 O 点,即作用在简化中心。且有

$$\boldsymbol{R}' = \boldsymbol{F}_1' + \boldsymbol{F}_2' + \cdots + \boldsymbol{F}_n' = \boldsymbol{F}_1 + \boldsymbol{F}_2 + \cdots + \boldsymbol{F}_n \tag{5-1}$$

即等于原力系的主矢。

力偶矩为 $\boldsymbol{M}_{O1}$、$\boldsymbol{M}_{O2}$、…、$\boldsymbol{M}_{On}$ 的空间力偶系合成后仍为一个力偶,这个力偶的力偶矩矢 $\boldsymbol{M}_O$ 等于各力偶矩矢的矢量和,即

$$\boldsymbol{M}_O = \boldsymbol{M}_{O1} + \boldsymbol{M}_{O2} + \cdots + \boldsymbol{M}_{On} = \boldsymbol{M}_O(\boldsymbol{F}_1) + \boldsymbol{M}_O(\boldsymbol{F}_2) + \cdots + \boldsymbol{M}_O(\boldsymbol{F}_n) \tag{5-2}$$

即这个力偶的力偶矩矢 $\boldsymbol{M}_O$ 等于原力系对简化中心 O 点的主矩。如图 5-2(c)所示。

综上所述可得如下结论:空间一般力系向任意一点简化,一般可以得到一个力和一个力偶。这个力作用于简化中心,其大小和方向等于该力系的主矢 $\boldsymbol{R}' = \sum \boldsymbol{F}_i$,这个力偶等于该力系对简化中心的主矩 $\boldsymbol{M}_O = \sum \boldsymbol{M}_O(\boldsymbol{F}_i)$。

对空间固定端支座约束,应用上述力系简化,可以分析其约束反力与表示方法。当主动力为空间力系时,固定端支座约束的约束反力也是空间力系,可将它们向 A 点简化得一个力和一个力偶,并分解为坐标轴分量,如图 5-3(a)、(b)、(c)所示。

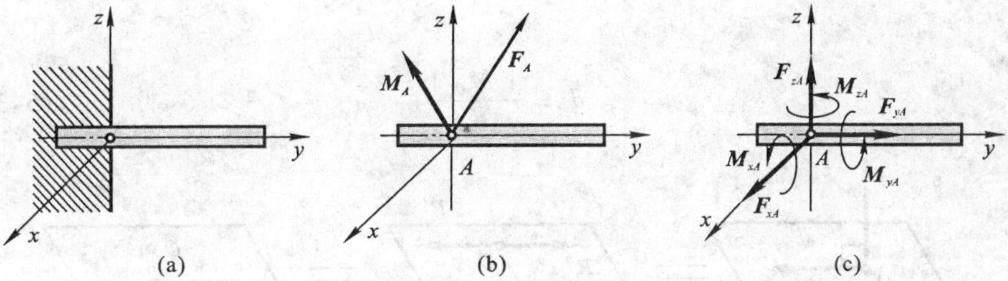

图 5-3 空间固定端约束

二、空间一般力系的简化结果分析

空间一般力系向任一点简化,其结果有四种情况:① $\boldsymbol{R}'=0, \boldsymbol{M}_O=0$;② $\boldsymbol{R}'=0, \boldsymbol{M}_O \neq 0$;③ $\boldsymbol{R}' \neq 0, \boldsymbol{M}_O=0$;④ $\boldsymbol{R}' \neq 0, \boldsymbol{M}_O \neq 0$。以下对这四种情况分别进行分析讨论。

1. 空间一般力系为平衡力系的情况

当空间一般力系向任一点简化得主矢与主矩都等于零,即 $\boldsymbol{R}'=0, \boldsymbol{M}_O=0$ 时,则力系为平衡力系,这将在下一节专门讨论。

2. 空间一般力系简化为一合力偶的情况

当空间一般力系向任一点简化得主矢等于零,主矩不等于零,即 $\boldsymbol{R}'=0, \boldsymbol{M}_O \neq 0$ 时,则此空间一般力系合成为一个力偶,合力偶矩矢等于原力系对简化中心

的主矩,即 $\boldsymbol{M} = \boldsymbol{M}_O = \sum \boldsymbol{M}_O(\boldsymbol{F}_i) =$ 常矢量。在这种情况下,主矩与简化中心位置无关。

3. 空间一般力系简化为一合力的情况·合力矩定理

空间一般力系简化为一合力的情况可分为如下两种情形讨论。

其一:当空间一般力系向任一点简化得主矢不等于零,主矩等于零,即 $\boldsymbol{R}' \neq 0, \boldsymbol{M}_O = 0$,则此空间一般力系合成为一个合力,合力矢等于原力系的主矢,即 $\boldsymbol{R} = \boldsymbol{R}' = \sum \boldsymbol{F}_i$,合力的作用点为简化中心,或合力作用线通过简化中心。

其二:当空间一般力系向任一点简化得主矢不等于零,主矩不等于零,即 $\boldsymbol{R}' \neq 0, \boldsymbol{M}_O \neq 0$,且 $\boldsymbol{R}' \perp \boldsymbol{M}_O$,如图 5-4(a)所示。这时,力 $\boldsymbol{R}'$ 和力偶矩为 $\boldsymbol{M}_O$ 的力偶 $(\boldsymbol{R}'', \boldsymbol{R})$ 在同一平面内,如图 5-4(b)所示。使 $\boldsymbol{R}' = -\boldsymbol{R}'' = \boldsymbol{R}$,故可将力 $\boldsymbol{R}'$ 和力偶 $(\boldsymbol{R}'', \boldsymbol{R})$ 进一步合成,即向作用面内的另一点 A 简化,合成为一个作用于 A 点的合力 $\boldsymbol{R}$,合力 $\boldsymbol{R} = \boldsymbol{R}' = \sum \boldsymbol{F}_i$,或合力作用线通过 $\boldsymbol{A}$ 点,如图 5-4(c)所示。合力作用线距简化中心 O 点的距离为

$$d = \frac{|\boldsymbol{M}_O|}{\boldsymbol{R}'} \tag{5-3}$$

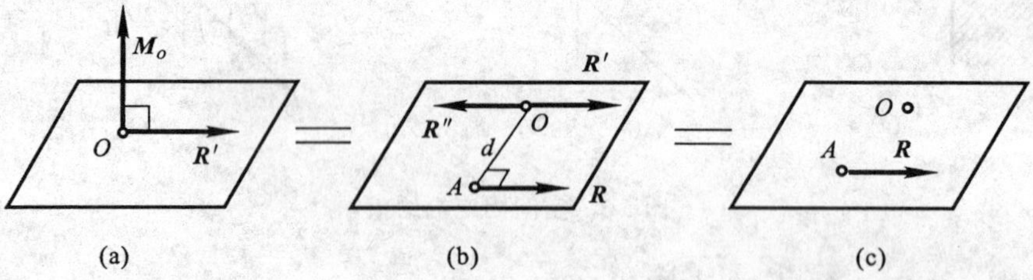

图 5-4　$\boldsymbol{R}' \neq 0, \boldsymbol{M}_O \neq 0$,且 $\boldsymbol{R}' \perp \boldsymbol{M}_O$,合成为一个合力

合力矩定理　由图 5-4(b)可知,力偶 $(\boldsymbol{R}'', \boldsymbol{R})$ 的矩 $\boldsymbol{M}_O$ 等于合力 $\boldsymbol{R}$ 对 O 点的矩,即

$$\boldsymbol{M}_O = \boldsymbol{M}_O(\boldsymbol{R})$$

将该式与式(5-2)比较,得

$$\boldsymbol{M}_O(\boldsymbol{R}) = \sum \boldsymbol{M}_O(\boldsymbol{F}_i) \tag{5-4}$$

式(5-4)表明:若空间一般力系可以合成为一合力,则其合力 $\boldsymbol{R}$ 对任一点之矩等于力系中各力对同一点之矩的矢量和。这就是空间一般力系情况下的**合力矩定理**。

根据力对点的矩与力对轴的矩的关系式(1-13),把上式投影到通过点 O 的

任一轴上,可得

$$M_z(\boldsymbol{R}) = \sum M_z(\boldsymbol{F}_i) \tag{5-5}$$

即空间一般力系的合力对于任一轴的矩等于力系中各分力对同一轴的矩的代数和。

4. 空间一般力系简化为力螺旋的情况

空间一般力系简化为力螺旋的情况亦可分为如下两种情形讨论。

其一:当空间一般力系向任一点简化得主矢不等于零,主矩不等于零,即 $\boldsymbol{R}' \neq 0$,$\boldsymbol{M}_O \neq 0$,且 $\boldsymbol{R}' /\!/ \boldsymbol{M}_O$ 时,这种结果称为力螺旋,如图 5-5 所示。所谓的力螺旋就是由一力和一力偶组成的力系,其中的力垂直于力偶的作用面。力螺旋的力作用线称为该力系的中心轴。在此种情形,中心轴通过简化中心 O。例如,钻孔时的钻头和攻螺纹时的丝锥对工件的作用就是力螺旋。力螺旋是由静力学的两个基本要素力和力偶组成的特殊的简单力系,不能再进一步合成或简化。

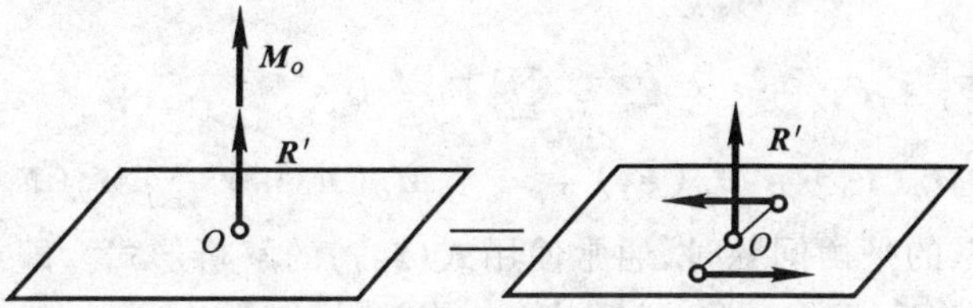

图 5-5　力螺旋示意图

其二:如果主矢 $\boldsymbol{R}' \neq 0$,主矩 $\boldsymbol{M}_O \neq 0$,且同时 $\boldsymbol{R}'$ 与 $\boldsymbol{M}_O$ 即不平行,也不垂直,如图 5-6(a)所示。将 $\boldsymbol{M}_O$ 分解为两个分力偶 $\boldsymbol{M}_{O1}$ 和 $\boldsymbol{M}_{O2}$,并使 $\boldsymbol{R}' /\!/ \boldsymbol{M}_{O1}$、$\boldsymbol{R}' \perp \boldsymbol{M}_{O2}$,如图 5-6(b)所示。

则 $\boldsymbol{R}'$ 和 $\boldsymbol{M}_{O2}$ 可用作用于 A 点的 $\boldsymbol{R}$ 来代替。由于力偶矩矢为自由矢量,故可将 $\boldsymbol{M}_{O1}$ 平行移动到 A 点,使之与 $\boldsymbol{R}$ 共线。这样便得到一力螺旋,此时力螺旋的中心轴不通过简化中心 O,而是通过 A 点,如图 5-6(c)所示。O、A 两点之间的距离为

$$\overline{OA} = d = \frac{|\boldsymbol{M}_{O2}|}{R'} = \frac{|\boldsymbol{M}_O| \sin\beta}{R'} \tag{5-6}$$

可见,一般情形下,空间一般力系可合成为力螺旋。

§5-3　空间一般力系的平衡条件和平衡方程

由前述的讨论知,空间一般力系向任一点简化得一力和一力偶。因此,根据

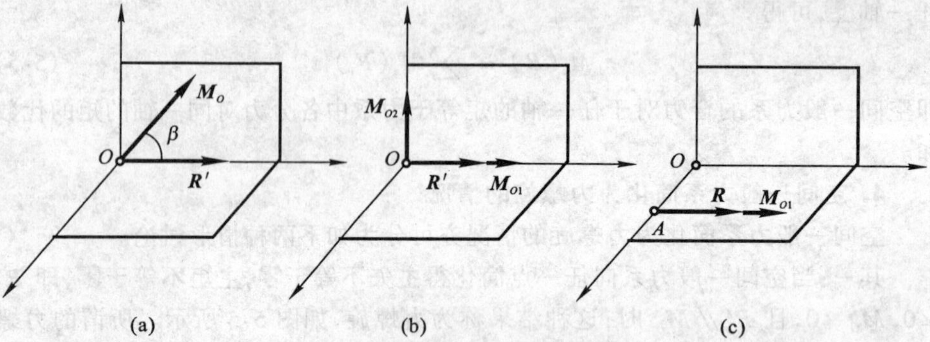

图 5-6 空间一般力系可合成为力螺旋

平衡力系定理有:空间一般力系平衡的充分必要条件是,力系的主矢与对任一点 O 的主矩均为零。则由式(5-1)和(5-2),空间一般力系平衡的充分必要条件能被表示为

$$\begin{aligned} \boldsymbol{R}' &= \boldsymbol{F}_1 + \boldsymbol{F}_2 + \cdots + \boldsymbol{F}_n = \sum \boldsymbol{F}_i = 0 \\ \boldsymbol{M}_O &= \boldsymbol{M}_O(\boldsymbol{F}_1) + \boldsymbol{M}_O(\boldsymbol{F}_2) + \cdots + \boldsymbol{M}_O(\boldsymbol{F}_n) = \sum \boldsymbol{M}_O(\boldsymbol{F}_i) = 0 \end{aligned} \tag{5-7}$$

在实际求解力系的平衡问题时,通常使用式(5-7)的解析形式。即在任意设定的直角坐标系 $oxyz$ 下,根据式(2-5)和式(2-17)有

$$\begin{aligned} &\sum F_{zi} = 0, \quad \sum F_{yi} = 0, \quad \sum F_{zi} = 0; \\ &\sum M_x(\boldsymbol{F}_i) = 0, \quad \sum M_y(\boldsymbol{F}_i) = 0, \quad \sum M_z(\boldsymbol{F}_i) = 0 \end{aligned} \tag{5-8}$$

式(5-8)称为空间一般力系的平衡方程。

由此,空间一般力系平衡的充分必要条件可叙述为:力系中所有各力在任意相互垂直的三个坐标轴上投影的代数和分别等于零,以及各力对于这三个坐标轴之矩的代数和也都分别等于零。平衡方程(5-8)有 6 个独立的方程,根据它们能求解 6 个未知量,且只能求解 6 个未知量。

空间一般力系的平衡条件包含了各种特殊力系的平衡条件,由空间一般力系的平衡方程式(5-8)可以导出各种特殊力系的平衡方程,例如:空间汇交力系的平衡方程式(2-9)、空间力偶系的平衡方程式(2-21)以及平面一般力系的平衡方程式(3-8)。

如图 5-7 所示,力的作用线相互平行但不在同一平面内的力系称为空间平行力系(parallel force system)。取坐标系的 oz 轴与力作用线平行,oxy 坐标面与力作用线垂直。则力系向 ox 和 oy 轴投影恒等于零,即 $\sum F_{xi} \equiv 0$、$\sum F_{yi} \equiv 0$;

以及力系中各力对于坐标轴 oz 之矩都为零。因此,空间平行力系的平衡方程为如下三式

$$\begin{aligned}&\sum F_{zi}=0\\&\sum M_x(\boldsymbol{F}_i)=0\qquad(5\text{-}9)\\&\sum M_y(\boldsymbol{F}_i)=0\end{aligned}$$

此时,独立的平衡方程只有 3 个,可求解 3 个未知量。

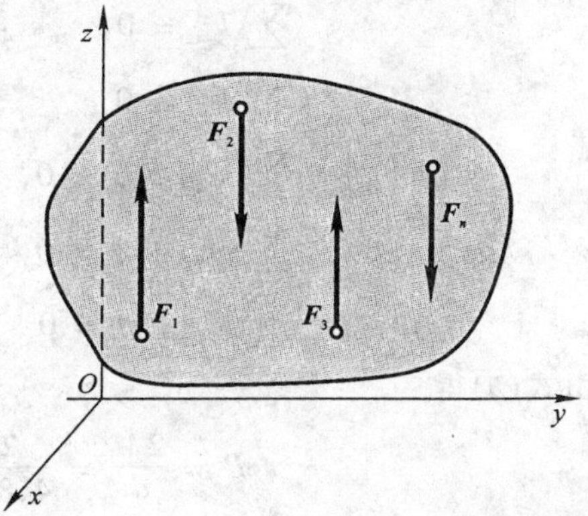

图 5-7　空间平行力系

式(5-9)表明,空间平行力系平衡的充分必要条件为:力系中所有各力在与力线平行的坐标轴上投影的代数和等于零,以及各力对于两个与力线垂直轴之矩的代数和分别等于零。

以下通过例题说明平衡方程的应用与求解的一般步骤。

例 5-1　转动轴 AB 上装有齿轮 C,如图 5-8 所示。齿轮的节圆直径 $d=48$ mm,压力角 $\alpha=20°$,齿轮与轴承 A、B 相距分别为 $a=90$ mm、$b=210$ mm。已知轴的 A 端作用有力矩 $M=70$ N·m,转向如图所示。求齿轮所受的圆周力 $\boldsymbol{P}$ 和轴承 A、B 两处的约束反力。

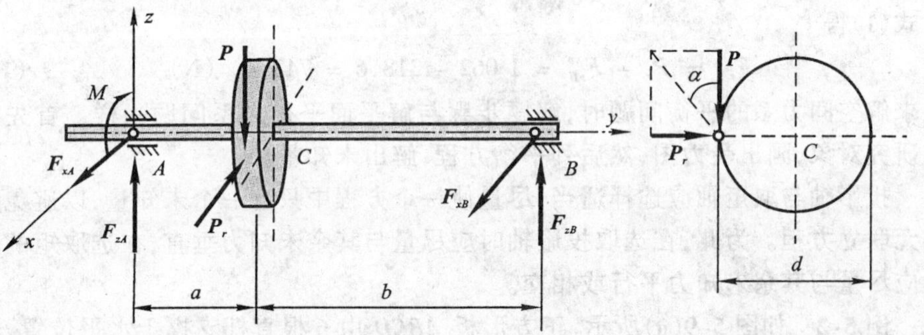

图 5-8　例题 5-1 图

解　选取轴 AB 和齿轮一起为研究对象,受力如图 5-8 所示。作用于齿轮上的外力为圆周力 $\boldsymbol{P}$ 和径向力 $\boldsymbol{P}_r$,指向如图所示,以及作用于轴上的力偶 M,在轴承约束 A、B 处有约束力 $\boldsymbol{F}_{xA}$、$\boldsymbol{F}_{zA}$ 和 $\boldsymbol{F}_{xB}$、$\boldsymbol{F}_{zB}$。列平衡方程

$$\sum F_{xi}=0,\qquad F_{xA}+F_{xB}-P_r=0\tag{1}$$

$$\sum F_{zi} = 0, \qquad F_{zA} + F_{zB} - P = 0 \tag{2}$$

$$\sum F_{yi} \equiv 0 \tag{3}$$

$$\sum M_x(\boldsymbol{F}_i) = 0, \quad F_{zB}(a + b) - Pa = 0 \tag{4}$$

$$\sum M_y(\boldsymbol{F}_i) = 0, \quad M - Pd/2 = 0 \tag{5}$$

$$\sum M_z(\boldsymbol{F}_i) = 0 \quad F_{xB}(a + b) - P_r a = 0 \tag{6}$$

由式(5)得

$$P = \frac{2M}{d} = \frac{2 \times 70}{4.8 \times 10^{-2}} = 2\ 917\ (\mathrm{N}) \tag{7}$$

齿轮所受径向力 $\boldsymbol{P}_r$ 的大小可由压力角 α 和周向力 $\boldsymbol{P}$ 求得,即

$$P_r = P\tan\alpha = 2\ 917\tan 20° = 1\ 062 \quad (\mathrm{N}) \tag{8}$$

由式(4)得

$$F_{zB} = \frac{Pa}{a + b} = \frac{2\ 917 \times 0.09}{0.09 + 0.21} = 875 \quad (\mathrm{N}) \tag{9}$$

由式(2)得

$$F_{zA} = P - F_{zB} = 2\ 917 - 875 = 2\ 042 \quad (\mathrm{N}) \tag{10}$$

由式(6)得

$$F_{xB} = \frac{P_r a}{a + b} = \frac{1\ 062 \times 0.09}{0.09 + 0.21} = 318.6 \quad (\mathrm{N}) \tag{11}$$

由式(1)得

$$F_{xA} = P_r - F_{xB} = 1\ 062 - 318.6 = 743.4 \quad (\mathrm{N}) \tag{12}$$

在求解空间力系的平衡问题时,解题步骤与解平面平衡力系问题一样。首先确定研究对象,画出受力图,然后列平衡方程,解出未知量。

投影轴与取矩轴应选择适当,尽量使一个方程中只含一个未知量,以避免解多元联立方程。为此,在选取投影轴时应尽量与其余未知力垂直,在选取矩的轴时应尽量与其余未知力平行或相交。

例 5-2　如图 5-9(a)所示,正方形板 *ABCD* 由 6 根直杆支撑于水平位置,若在点 *A* 沿 *AD* 方向作用水平力 $\boldsymbol{F}$,不计板和杆重,求杆所受的力。

解　选取正方形板 *ABCD* 为研究对象,各杆均为二力杆,设它们都受拉力,受力如图 5-9(b)所示。列平衡方程求解有

$$\sum M_x(\boldsymbol{F}_i) = 0, \quad S_3 d = 0 \qquad ①$$

$$\sum M_y(\boldsymbol{F}_i) = 0, \quad S_6 d + S_5 d\cos 45° = 0 \qquad ②$$

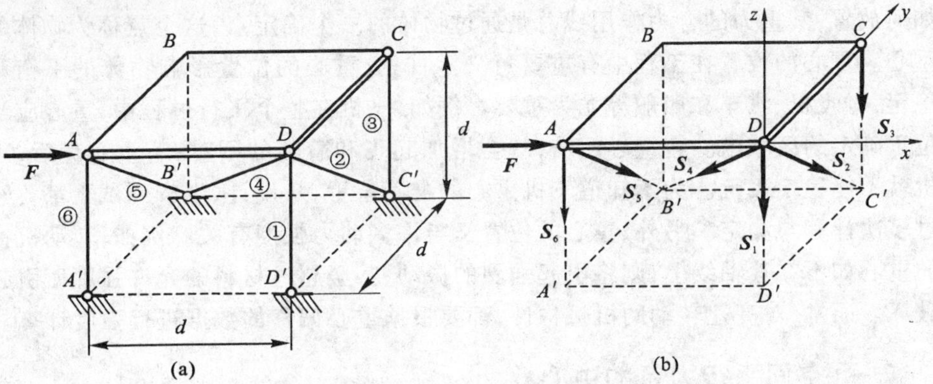

图 5-9　例题 5-2 图

$$\sum M_z(\boldsymbol{F}_i) = 0, \quad S_5 d\cos 45° = 0 \qquad ③$$

$$\sum F_{ix} = 0, \quad F - S_4 \frac{1}{\sqrt{3}} = 0 \qquad ④$$

$$\sum F_{iy} = 0, \quad (S_5 + S_2)\cos 45° + S_4 \frac{1}{\sqrt{3}} = 0 \qquad ⑤$$

$$\sum F_{iz} = 0, \quad S_1 + S_6 + S_3 + (S_5 + S_2)\cos 45° + S_4 \frac{1}{\sqrt{3}} = 0 \qquad ⑥$$

由式(①,③,④得

$$S_3 = S_5 = 0, S_4 = \sqrt{3}F \qquad ⑦$$

将式⑦代入式②、⑤、⑥得

$$S_6 = 0, S_2 = -\sqrt{2}F, S_1 = 0 \qquad ⑧$$

§ 5-4　平行力系的中心与重心

空间平行力系是工程技术及生活中经常遇到的问题,例如流体对于固定面的压力及物体所受的重力等。在研究这种力系对物体的作用时,不但应知道力系合力的大小,而且还应知道合力的确定的作用点。这个作用点就是平行力系的中心(Center of parallel force system),而物体的重心(Center of gravity)就是平行力系中心的一个很重要的特例。重力是地球对于物体的引力,如果将物体视为由无数质点组成,则重力便组成空间汇交力系。由于物体的尺寸比地球小得多,因此可近似认为重力是平行力系,该力系合力的大小就是物体的重量。不论物体如何放置,其重力的合力作用线总是通过物体的一个确定点,这个点称为物体的重心。重心的位置在工程中有重要意义。首先,重心的位置影响物体的平衡和稳定,对飞机、汽车和船舶等尤为重要。例如,飞机在整个飞行过程中,重心应当位于确定的区域内。若重心超前,就会增加起飞和着陆的困难;若重心偏后,飞机就不能稳定飞行。为了知道飞机重心的准确位置,从设计、生产到试飞都要经过多次计算与测定。另外,重心的位置又与许多动力强度有关。例如,转动机械的重心如不在其轴线上,则将引起强烈的振动,甚至超过材料的允许强度而引起破坏。通常,对高速转动的机械构件,都要根据重心偏移的数据进行强度计算。

一、空间平行力系的中心

平行力系中心的定义: 平行力系中心 C 是平行力系的合力通过的一个确定的点,其位置仅与各平行力的大小和作用点的位置有关,而与各平行力的方向无关。

以下推导平行力系中心(Center of parallel force system)的坐标公式。为此,应用空间任意力系的合力矩定理。

设有空间同向平行力系 $\boldsymbol{F}_1$、$\boldsymbol{F}_2$、…、$\boldsymbol{F}_n$,分别作用在刚体的 A_1、A_2、…、A_n 各点,其合力为 $\boldsymbol{R}=\boldsymbol{F}_1+\boldsymbol{F}_2+\cdots+\boldsymbol{F}_n$,作用线过平行力系中心 C。选定一直角坐标 $Oxyz$,并使坐标轴 oz 与力系中的各分力及合力的作用线平行,如图 5-10 所示,令各分力的作用点坐标分别为 $A_1(x_1, y_1, z_1)$、$A_2(x_2, y_2, z_2)$、…、$A_n(x_n, y_n, z_n)$,而平行力系中心的坐标为 $C(x_C, y_C, z_C)$。按平行力系中心的定义,该同向平行力系 $\boldsymbol{F}_1$、$\boldsymbol{F}_2$、…、$\boldsymbol{F}_n$ 的中心 C 点的坐标 x_C,y_C 可由下式确定。由合力矩定理,对 x 轴取矩有

$$M_x(\boldsymbol{R}) = \sum M_x(\boldsymbol{F}_i)$$

即有

$$Ry_C = \sum F_i y_i$$

故得

$$y_C = \frac{\sum F_i y_i}{R} = \frac{\sum F_i y_i}{\sum F_i} \tag{5-10a}$$

同理,对 y 轴取矩有

$$x_C = \frac{\sum F_i x_i}{R} = \frac{\sum F_i x_i}{\sum F_i} \tag{5-10b}$$

为确定 C 点的坐标 z_C，将力系中各力绕其自身作用点转过 90°与 y 轴平行，如图 5-10 所示。再取合力对 x 轴的矩得

$$z_C = \frac{\sum F_i z_i}{R} = \frac{\sum F_i z_i}{\sum F_i} \quad (5\text{-}10c)$$

以上三式合起来就是空间同向平行力系中心的坐标公式，式中 $F_i = |\boldsymbol{F}_i|$ 为分力 $\boldsymbol{F}_i$ 的模。

必须注意：式(5-10)也适用于力系主矢不为零的空间非同向平行力系，但此时的 F_i 为分力 $\boldsymbol{F}_i$ 在坐标轴上的投影，为代数量。

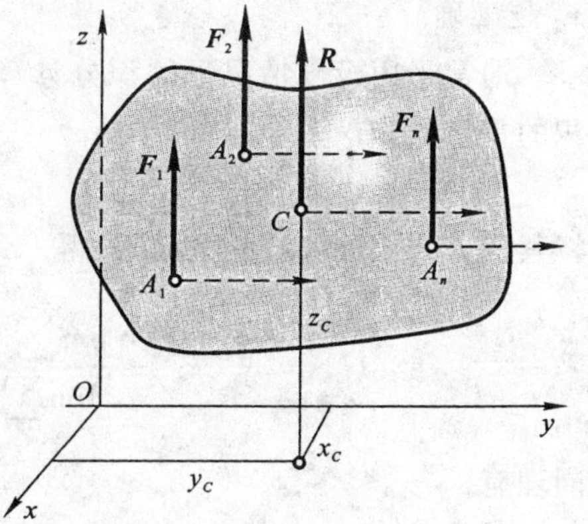

图 5-10　平行力系中心 C 示意图

二、物体的重心

物体重心的定义：将物体分割成许多微小体积单元，每一小块体积单元受的重力为 $\boldsymbol{p}_i$，体积为 ΔV_i，其作用点为 $M_i(x_i,\ y_i,\ z_i)$，如图 5-11 所示。

如前所述，重力是一同向平行力系，其合力为

$$\boldsymbol{P} = \sum \boldsymbol{p}_i \quad (5\text{-}11)$$

其大小称为物体的重量。而此平行力系中心 C 称为物体的重心(Center of gravity)。

必须指出：物体的重心在物体内占有确定的位置，与该物体在空间的位置无关。

以下研究物体重心的坐标公式。设物体重心坐标为 $C(x_C, y_C, z_C)$，则物体重心的坐标公式可根据式(5-10)直接导出，例如对重心坐标 x_C，有

$$x_C = \frac{\sum p_i x_i}{\sum p_i} \quad (5\text{-}12)$$

物体分割得越细，即每一小块的体积越小，则按式(5-12)计算的重心坐标

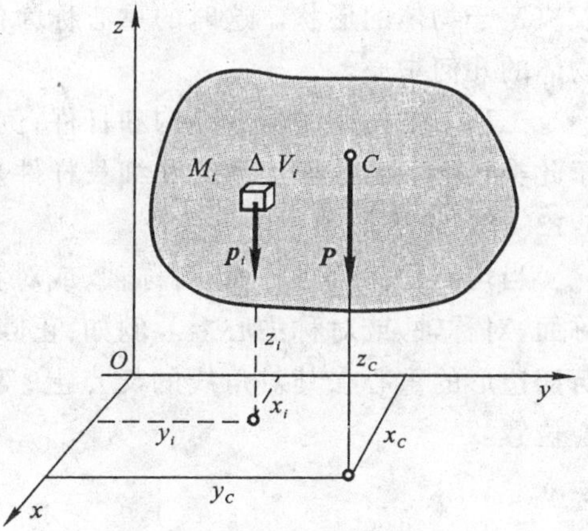

图 5-11　物体重心 C 示意图

x_C 越准确。

通常采用极限情况下的积分计算物体的重心位置。以 γ_i 表示物体单位体积的重量,则有

$$p_i = \gamma_i \Delta V_i$$

将其代入到式(5-12)并取极限,得

$$x_C = \frac{\lim \sum \gamma_i \Delta V_i x_i}{\lim \sum \gamma_i \Delta V_i} = \frac{\int_V x\gamma \mathrm{d}V}{\int_V \gamma \mathrm{d}V} \tag{5-13a}$$

同理有

$$y_C = \frac{\int_V y\gamma \mathrm{d}V}{\int_V \gamma \mathrm{d}V} \tag{5-13b}$$

$$z_C = \frac{\int_V z\gamma \mathrm{d}V}{\int_V \gamma \mathrm{d}V} \tag{5-13c}$$

如果物体是均质的,即 $\gamma \equiv$ 常量,则式(5-13)简化为

$$x_C = \frac{\int_V x \mathrm{d}V}{V},\ y_C = \frac{\int_V y \mathrm{d}V}{V},\ z_C = \frac{\int_V z \mathrm{d}V}{V} \tag{5-14}$$

式中,V 为物体的体积。由式(5-14)知,对均质物体的重心,其位置与比重无关,仅决定于物体的形状。这时的重心称为体积重心,也是物体几何图形的形心,及物体的几何中心。

工程中常使用的薄壁结构和杆件,例如厂房的顶壳、薄壁容器或井架等就属于此类物体。若等厚度薄壳和细长杆件是均质的,其重心一般不在物体上,如图 5-12(a)、(b)所示。

当均质物体有对称面、对称轴、或对称中心时,该物体的重心必相应在这对称面、对称轴、或对称中心上。例如:正圆锥体或正圆锥面的重心在其轴线上;平行四边形的重心在其对角线的交点上,等等。表 5-1 给出了一些简单形体的重心位置。

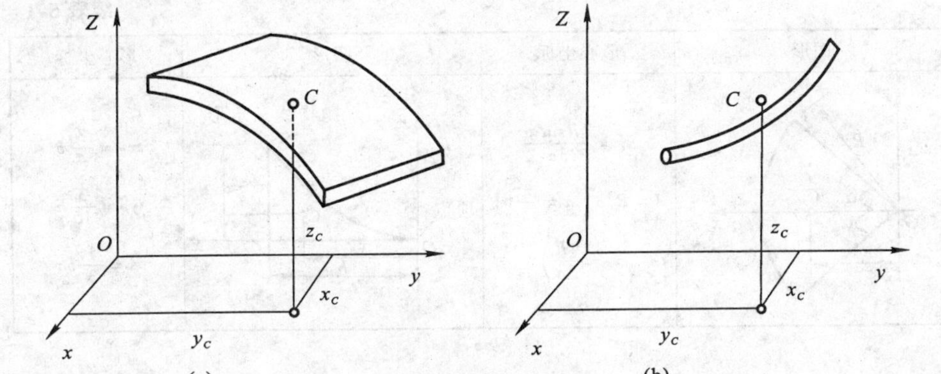

(a)　(b)

图 5-12　均质等厚度薄壳和细长杆件重心位置示意图

表 5-1　简单形体的重心

图形	形心坐标	图形	形心坐标
三角形 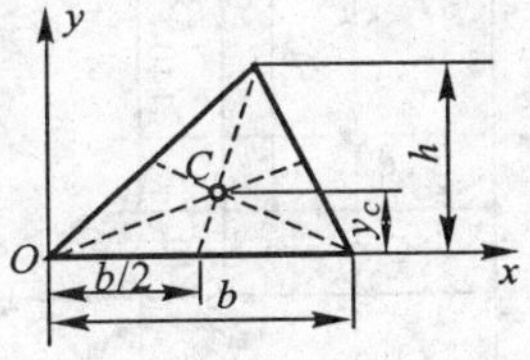	$y_C=\frac{1}{3}h$ $A=\frac{1}{2}bh$	弓形 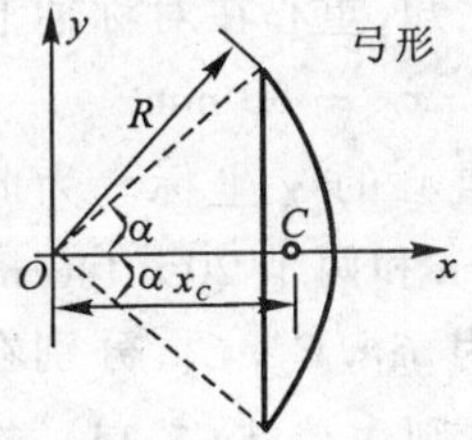	$x_C=\frac{2R^3\sin^3\alpha}{3A}$ $A=\frac{R^2(2\alpha-\sin 2\alpha)}{2}$
梯形 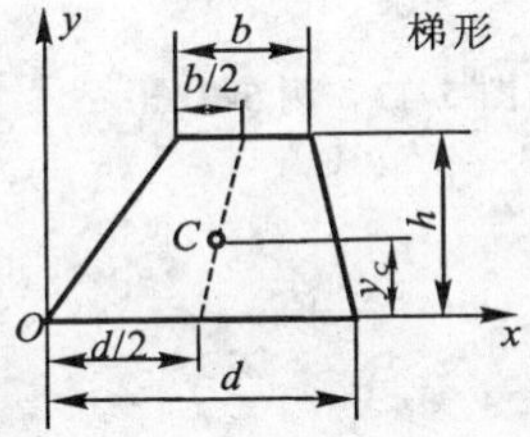	$y_C=\frac{(2b+d)}{3(b+d)}h$ $A=\frac{1}{2}(b+d)h$	$\frac{1}{4}$椭圆 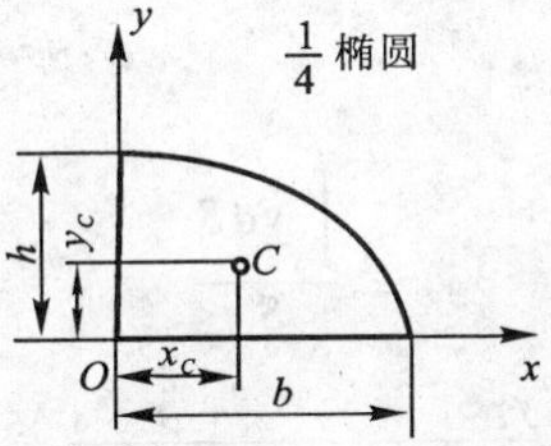	$x_C=\frac{4b}{3\pi}$ $y_C=\frac{4h}{3\pi}$ $A=\frac{1}{4}\pi bh$
圆弧 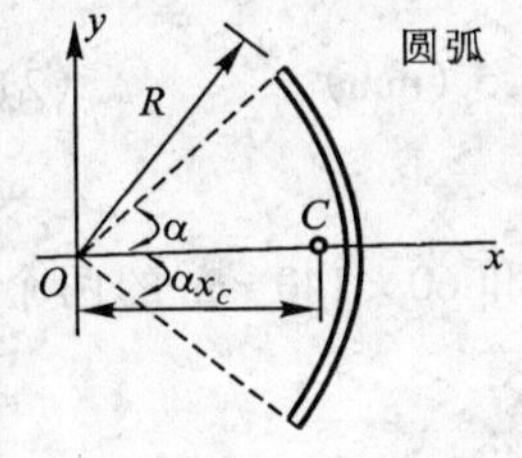	$x_C=\frac{R\sin\alpha}{\alpha}$ $\left(\alpha=\frac{\pi}{2}\text{时}\ x_C=\frac{2R}{\pi}\right)$	抛物线三角形 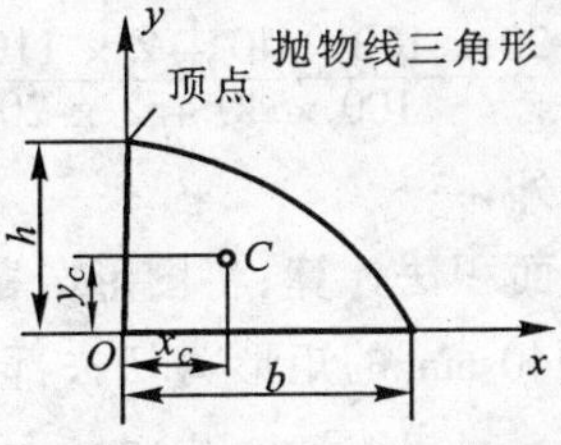	$x_C=\frac{3}{8}b$ $y_C=\frac{2}{5}h$ $A=\frac{2}{3}bh$

续表 5-1

图形	形心坐标	图形	形心坐标
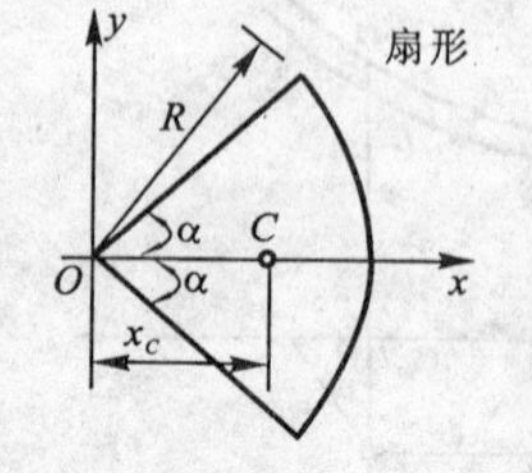	$x_C=\dfrac{2R\sin\alpha}{3\alpha}$ $A=R^2\alpha\left(\alpha=\dfrac{\pi}{2}\text{时}\right.$ $\left.x_C=\dfrac{4R}{3\pi}\right)$	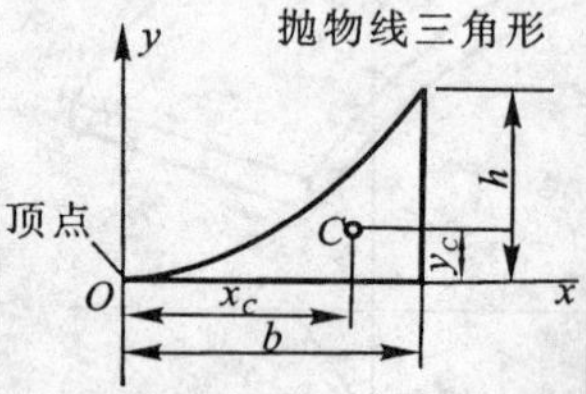	$x_C=\dfrac{3}{4}b$ $y_C=\dfrac{3}{10}h$ $A=\dfrac{1}{3}bh$

对实际需确定重心位置的物体,通常可按定义进行积分计算;对由几个简单物体组成的组合体,可利用分割法或负体积法计算。

例 5-3　图 5-13 所示为一均质组合平板,求其重心的位置。图中单位为毫米(mm)。

解　由对称性知,重心在对称轴上,即

$$x_C = 50\ \text{mm} \tag{1}$$

以下用分割法求重心的 y 坐标。为此将图形分割为一个 100×40 mm 和两个 20×140 mm 的小矩形,它们的重心位置为 C_1, C_2, C_3,分别在各自小矩形的对角线交点上。则由公式(5-14),按区域分块积分有

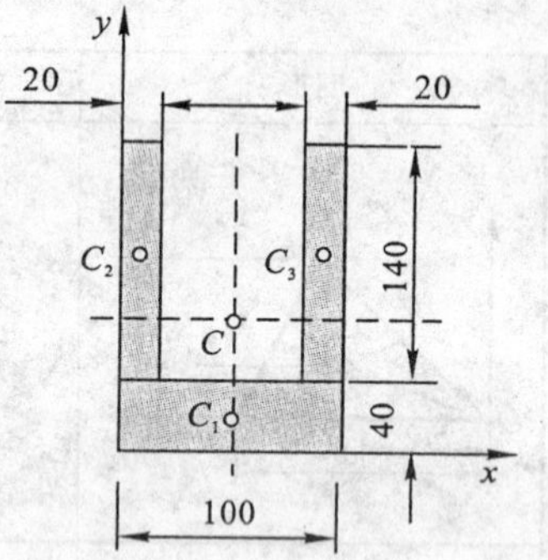

图 5-13　例 5-3 图

$$\begin{aligned} y_C &= \frac{\int_S y\,\mathrm{d}S}{S} \\ &= \frac{y_1S_1+y_2S_2+y_3S_3}{S_1+S_2+S_3} \\ &= \frac{20\times100\times40+2\times110\times20\times140}{100\times40+2\times20\times140} = 72.5\ (\text{mm}) \end{aligned} \tag{2}$$

即重心在图形之外。

也可以用负面积法计算:将图形分割为 100×180 mm 和 60×140 mm 的两个矩形,其中 60×140 mm 的矩形为切去部分,即负面积。则有

$$y_C = \frac{y_1S_1+y_2S_2}{S_1+S_2} = \frac{90\times100\times180-110\times60\times140}{100\times180-60\times140} = 72.5\ (\text{mm}) \tag{3}$$

§5-5　用实验方法测定物体的重心位置

在工程实际中经常会遇到外形非常复杂的物体,用理论方法计算其重心位置很困难,有时只能作近似计算。待产品制成后,再用实验测定进行校核。实际上即使在设计时重心的位置计算得很精确,但由于在制造和装配过程中难免存在误差,材料也不可能非常均匀,所以要准确确定物体重心的位置,也常用实验法进行测定。以下介绍两种常用的实验测定物体重心位置的方法。

1. 悬挂法

如果需求一薄板的重心,可先将板悬挂于任一点 A,如图 5-14(a)所示,根据二力平衡条件,重心必在过悬挂点的铅垂线上,于是可在板上画出此直线 AB;然后再将板悬挂于另一点 D,同样可画出另一直线 DE,两直线相交于点 C,这点就是板的重心,如图 5-14(b)所示。

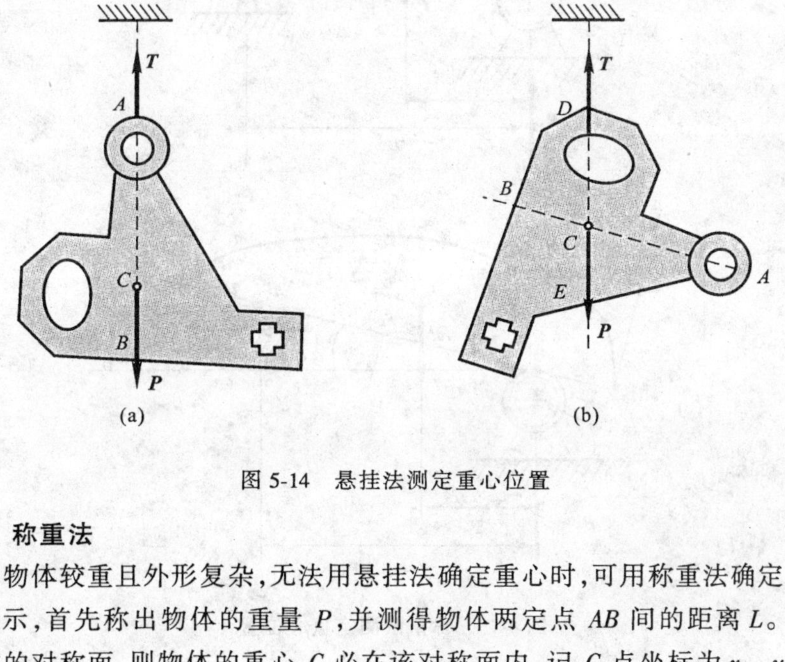

图 5-14　悬挂法测定重心位置

2. 称重法

当物体较重且外形复杂,无法用悬挂法确定重心时,可用称重法确定。如图 5-15 所示,首先称出物体的重量 P,并测得物体两定点 AB 间的距离 L。设 oxy 为物体的对称面,则物体的重心 C 必在该对称面内,记 C 点坐标为 x_C,y_C,如图 5-15(a)所示。

为了测定 x_C,将点 B 用支点支撑,A 点放在磅秤上,并使物体上的 AB 连线保持水平,如图 5-15(b)所示。这时磅秤的度数是 R_1。因物体是平衡的,故有

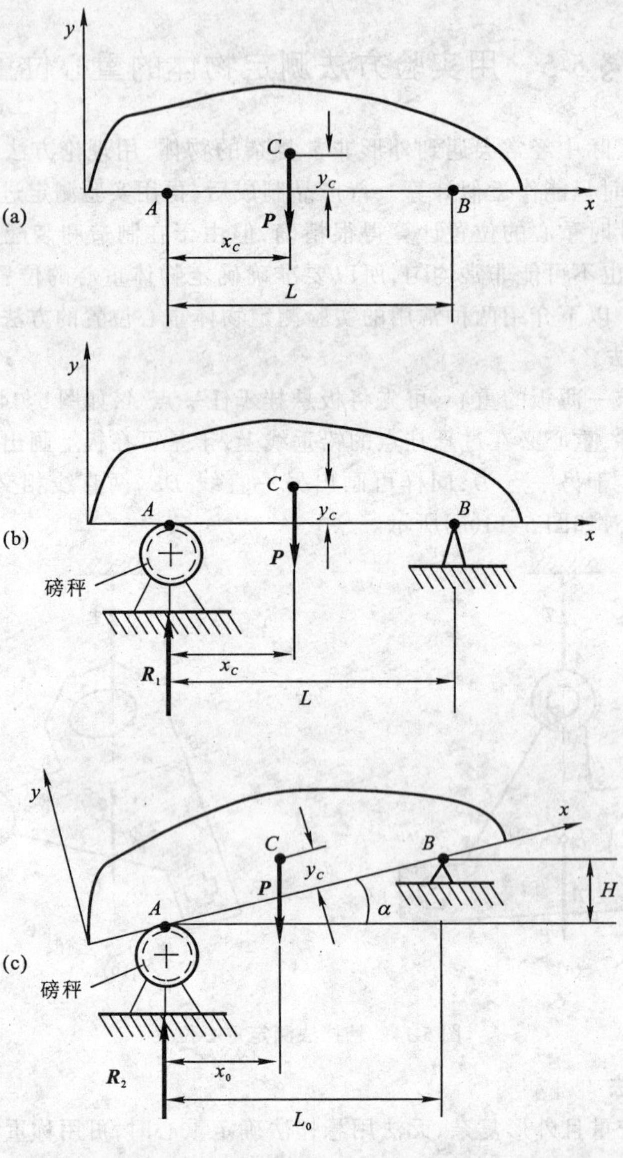

图 5-15　称重法测定重心位置

$$\sum M_B(\boldsymbol{F}_i) = 0, \quad R_1 L - P(L - x_C) = 0$$

于是得

$$x_C = L - \frac{R_1 L}{P} \tag{1}$$

欲测定 y_C,将 B 点升高到任意高度 H,如图 5-15(c)所示。这时磅秤的读数是 R_2,严格说 R_2 是 A 点的铅垂反力。同理得

$$x_0 = L_0 - \frac{R_2 L_0}{P} \tag{2}$$

由图中几何关系知

$$L_0 = \sqrt{L^2 - H^2},$$

$$x_0 = x_C \cos\alpha - y_C \sin\alpha = x_C \frac{\sqrt{L^2 - H^2}}{L} - y_C \frac{H}{L} \tag{3}$$

将式(1)和式(3)代入到式(2)得

$$y_C = \frac{L\sqrt{L^2 - H^2}}{H} \cdot \frac{R_2 - R_1}{P} \tag{4}$$

当物体没有对称面时,再次称重后可确定重心的另一坐标 z_C。

小　结

1. 空间一般力系向一点简化

(1) 空间一般力系向任意一点简化,一般可以得到一个作用于简化中心的力 $\boldsymbol{R}'$ 和一个力偶,力偶矩矢等于 $\boldsymbol{M}_O$,

$$\boldsymbol{R}' = \sum \boldsymbol{F}_i, \quad \boldsymbol{M}_O = \sum \boldsymbol{M}_O(\boldsymbol{F}_i)$$

(2) 空间一般力系的简化结果有四种情况:

a:空间一般力系为平衡力系,$\boldsymbol{R}' = 0$,　$\boldsymbol{M}_O = 0$

b:空间一般力系简化为一合力偶,$\boldsymbol{R}' = 0$,　$\boldsymbol{M}_O \neq 0$

c:空间一般力系简化为一合力

其一:$\boldsymbol{R}' \neq 0$,　$\boldsymbol{M}_O = 0$

其二:$\boldsymbol{R}' \neq 0$,　$\boldsymbol{M}_O \neq 0$,且 $\boldsymbol{R}' \perp \boldsymbol{M}_O$

d:空间一般力系简化为力螺旋

其一:$\boldsymbol{R}' \neq 0$,　$\boldsymbol{M}_O \neq 0$,且 $\boldsymbol{R}' /\!/ \boldsymbol{M}_O$

其二:$\boldsymbol{R}' \neq 0$,　$\boldsymbol{M}_O \neq 0$,且同时 $\boldsymbol{R}'$ 与 $\boldsymbol{M}_O$ 即不平行,也不垂直

2. 空间一般力系的平衡方程

$$\sum F_{xi} = 0,\ \sum F_{yi} = 0,\ \sum F_{zi} = 0;$$

$$\sum M_x(\boldsymbol{F}_i) = 0,\ \sum M_y(\boldsymbol{F}_i) = 0,\ \sum M_z(\boldsymbol{F}_i) = 0$$

3. 空间平行力系的平衡方程

$$\sum F_{zi} = 0,\ \sum M_x(\boldsymbol{F}_i) = 0,\ \sum M_y(\boldsymbol{F}_i) = 0$$

4. 空间平行力系的中心

(1) 平行力系中心是平行力系的合力通过的一个确定的点,其位置仅与各平行力的大小和作用点的位置有关,而与各平行力的方向无关。

(2) 平行力系中心的坐标公式

$$x_C = \frac{\sum F_i x_i}{\sum F_i},\ y_C = \frac{\sum F_i y_i}{\sum F_i},\ z_C = \frac{\sum F_i z_i}{\sum F_i}$$

5. 物体的重心

物体的重心是该物体重力合力始终通过的一个点,均质物体的重心与几何中心重合。

物体的重心在物体内占有确定的位置,与该物体在空间的位置无关。

物体重心的坐标公式

$$x_C = \frac{\int_V x\gamma \mathrm{d}V}{\int_V \gamma \mathrm{d}V},\ y_C = \frac{\int_V y\gamma \mathrm{d}V}{\int_V \gamma \mathrm{d}V},\ z_C = \frac{\int_V z\gamma \mathrm{d}V}{\int_V \gamma \mathrm{d}V}$$

均质物体重心的坐标公式

$$x_C = \frac{\int_V x \mathrm{d}V}{V},\ y_C = \frac{\int_V y \mathrm{d}V}{V},\ z_C = \frac{\int_V z \mathrm{d}V}{V}$$

习 题

5-1 匀质圆盘重量为 G,在圆周上 A_1、A_2、A_3 三点用铅直细线悬挂于水平位置。如圆心角 $\varphi_1 = 150°$,$\varphi_2 = 120°$,$\varphi_3 = 90°$,求细线的拉力。

5-2 图示曲轴水平放置,直角坐标系的 z 轴是铅直的。在图示位置,曲柄销在 xy 平面内;作用于其中点 D 的力 $\boldsymbol{F}$ 的大小为 $F = 20$ kN,力 $\boldsymbol{F}$ 的作用线在垂直于轴线 AB 的横截面内,且与铅直线成 $\theta = 30°$ 角。曲轴一端的直齿轮受到的圆周力 $\boldsymbol{F}_t$ 和径向力 $\boldsymbol{F}_r$ 都位于横截面内,且力 $\boldsymbol{F}_t$ 与 x 轴平行。齿轮节圆半径 $r = 200$ mm,啮合角 $\alpha = 20°$。已知曲柄长 $DE = 180$ mm,图上尺寸单位为 mm。试根据平衡条件求出齿轮的啮合力和向心轴承 A、B 的反力。

5-3 水平转轴如图,尺寸单位为 mm。大齿轮节圆直径 $d_2 = 200$ mm,小齿

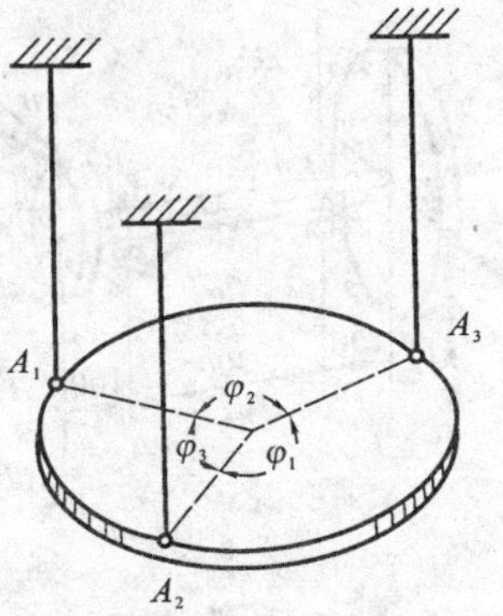

题 5-1 图

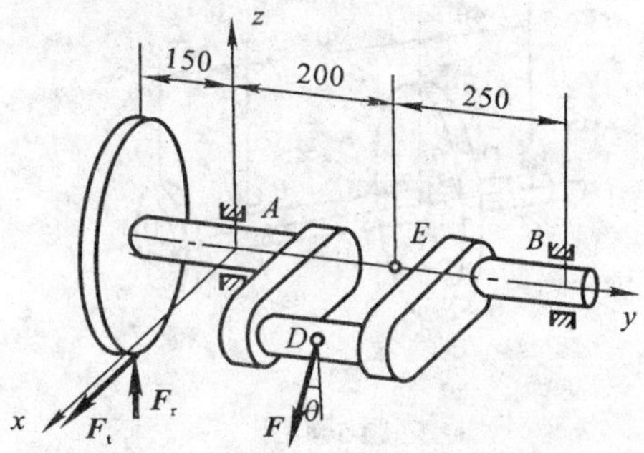

题 5-2 图

轮节圆直径 $d_1 = 100$ mm，齿轮的啮合角都是 $\alpha = 20°$。大齿轮所受的圆周力 $\boldsymbol{F}_{t2}$ 沿水平方向，$F_{t2} = 500$ N；小齿轮所受的圆周力 $\boldsymbol{F}_{t1}$ 则沿铅直方向。求在平衡情况下的啮合力 $\boldsymbol{F}_{t1}$、$\boldsymbol{F}_{r1}$、$\boldsymbol{F}_{r2}$ 以及向心轴承 A、B 的反力的大小。

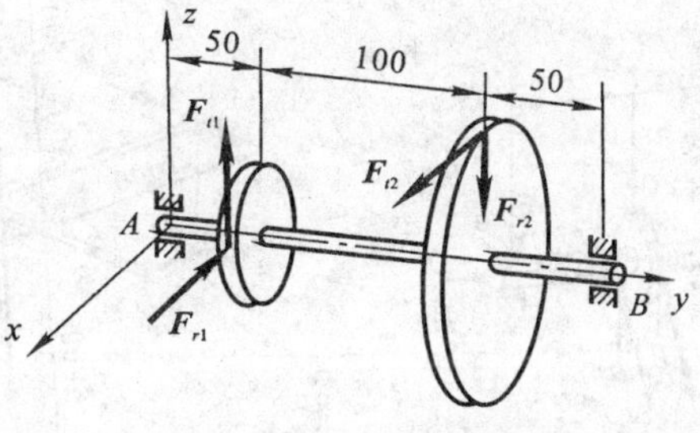

题 5-3 图

5-4　传动轴的联轴节上作用一力偶，其矩为 $M = 500$ N·m。轴上的直齿轮节圆直径 $d = 80$ mm，啮合角 $\alpha = 20°$。它与另一轴上的齿轮在 D 点相啮合，半径 CD 与铅直线成 $\theta = 60°$ 角。求平衡时齿轮所受的啮合力和两向心轴承 A、B 的反力。又如 $\theta = 20°$，则其结果有什么不同？

5-5　砂轮轴如图示，z 轴是铅直的，尺寸单位为 mm。已知砂轮直径 $D =$ 400 mm。它受到切向磨削力 $\boldsymbol{F}_z$ 和径向磨削力 $\boldsymbol{F}_x$；$F_z = 200$ N，$F_x = 3F_z$。胶带轮直径 $d = 100$ mm。胶带拉力 $\boldsymbol{F}_1$、$\boldsymbol{F}_2$ 在垂直于 y 轴的横截面内，且与胶带轮相切；它们与水平线所成的角都是 $\theta = 20°$，设 $F_1 = 2F_2$。求平衡情况下胶带的拉力 $\boldsymbol{F}_1$、$\boldsymbol{F}_2$ 和两向心轴承 A、B 的反力。

5-6　水平传动轴上有两个带轮Ⅰ、Ⅱ，其半径为 $r_1 = 300$ mm，$r_2 = 150$ mm，

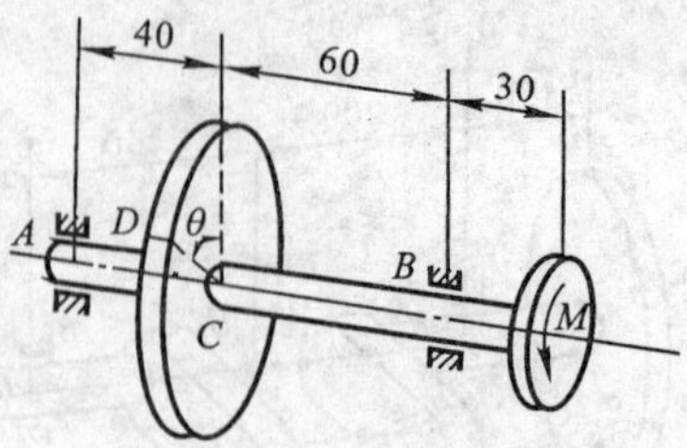

题 5-4 图

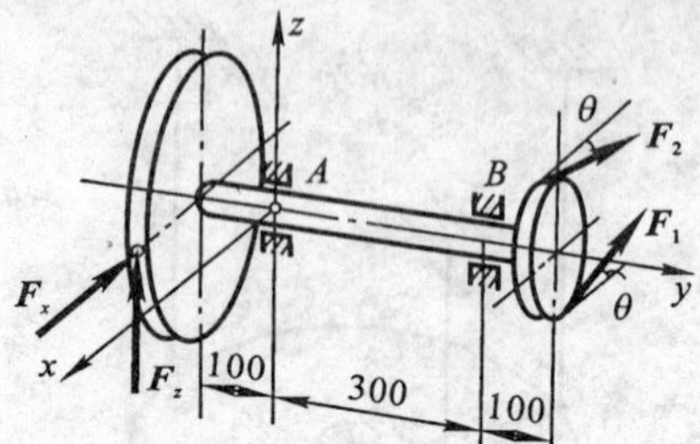

题 5-5 图

距离 $b=500$ mm。胶带拉力都在垂直于 y 轴的平面内,且与带轮相切。已知 $\boldsymbol{F}_1$ 和 $\boldsymbol{F}_1'$ 沿水平方向,而 $\boldsymbol{F}_2$ 和 $\boldsymbol{F}_2'$ 则与铅直线成 $\theta=30°$ 角。设 $F_1=2F_1'=2$ kN,$F_2=2F_2'$。求平衡情况下的拉力 $\boldsymbol{F}_2$、$\boldsymbol{F}_2'$ 和向心轴承 A、B 的反力。

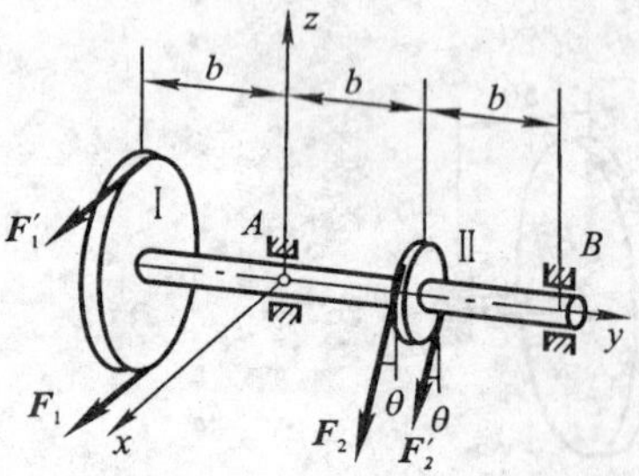

题 5-6 图

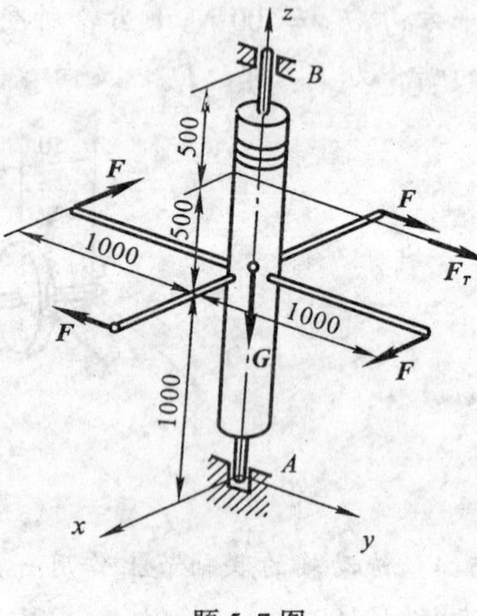

题 5-7 图

5-7　绞车重 $G=1$ kN,直径为 $d=240$ mm。绞车轴由向心推力轴承 A 和向心轴承 B 支持在铅直位置。钢丝绳拉力 $\boldsymbol{F}_T$ 与绞车相切且平行于 y 轴,$F_T=5$ kN。长为 1 m 的四根杠杆位于水平面内且垂直于鼓轮轴线,均匀分布。图上尺寸单位为 mm。求在平衡情况下加在每根杠杆端的水平力的大小 F 以及轴承 A、B 的反力。

5-8　正方形板 $ABCD$ 由六根两端铰接的细直杆支持于水平位置,如图所示。在 A 点沿 AD 方向作用已知力 $\boldsymbol{F}$。若不计板和杆的重量,求杆所受的力。

5-9　矩形薄板 $ABDC$,重量不计,用球铰链 A 和蝶铰链 B 固定在墙上,另用

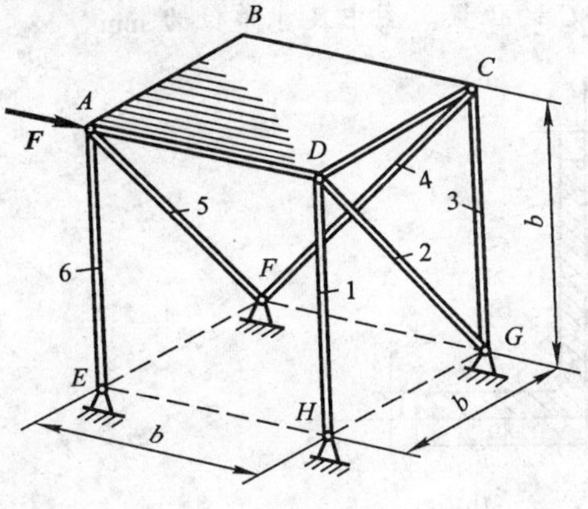

题 5-8 图

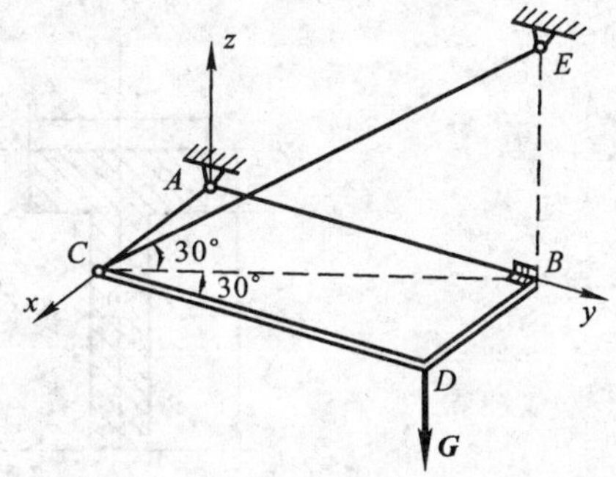

题 5-9 图

细绳 CE 拉住，使薄板处于水平位置，连线 BE 正好铅直。板在 D 点受到一个平行于铅直轴 z 的力 $G=500$ N。已知$\angle BCD=30°$，$\angle BCE=30°$。设蝶铰链不产生 y 方向的约束反力，求细绳拉力和铰链反力。

5-10　匀质矩形板 $ABCD$ 重量为 $G=100$ N，由球铰链 A 和三根无重杆 1、2、3 支承于水平位置。C、D、E、H、K 都是铰链。AE、BH、CK 都是铅直线。已知沿 CD 边作用的力 $F=30$ N，$\alpha=\beta=\gamma=30°$。求三根杆所受的力和铰链 A 的反力。

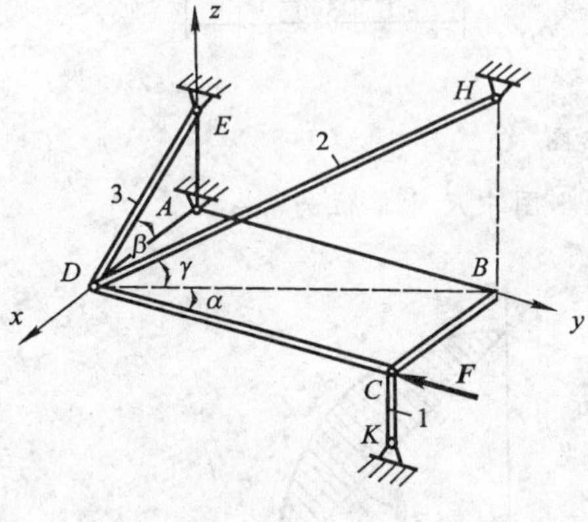

题 5-10 图

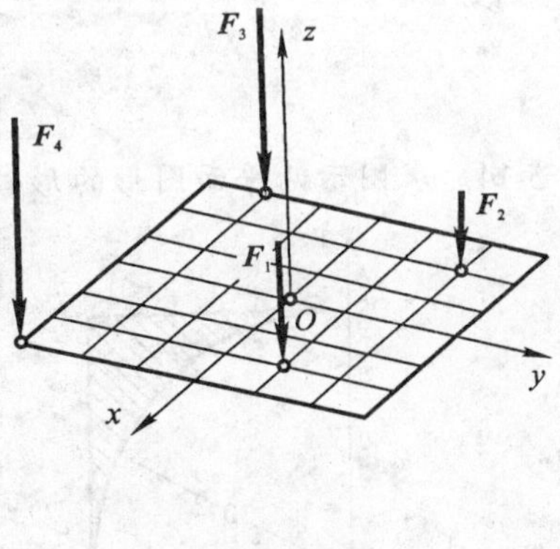

题 5-11 图

5-11　图示平行力系的作用线平行于 z 轴。已知 $F_1=200$ N，$F_2=100$ N，$\boldsymbol{F}_3=300$ N，$F_4=400$ N，图上每一方格的边长为 100 mm。试求力系合力作用线与 xy 平面交点的坐标 x_c、y_c。

5-12　试求图示两平面图形的形心 C 的位置。图中尺寸单位为 mm。

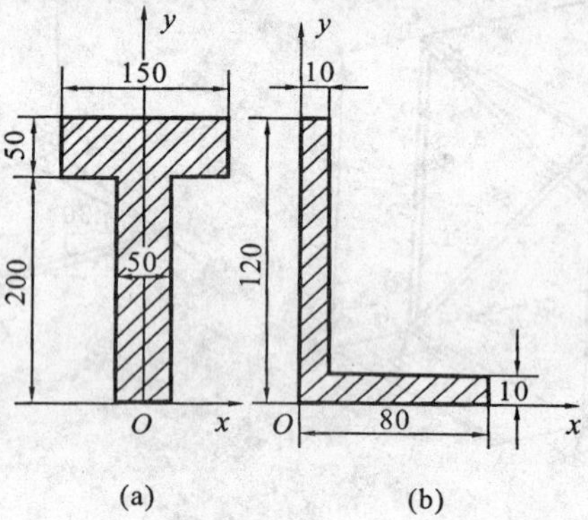

题 5-12 图

5-13　图(a)是压力机立柱的截面,图(b)是偏心锤的形状,图(c)是压缩机平衡块的形状,尺寸单位为 mm。试求这些平面图形的形心位置。

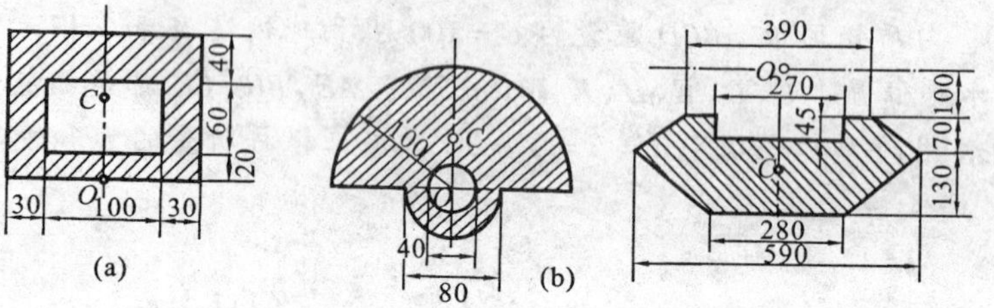

题 5-13 图

5-14　求图示两平面图形的形心位置。图中尺寸单位为 mm。

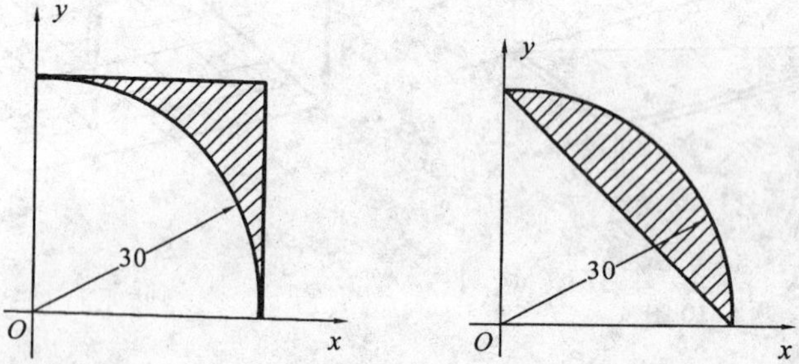

题 5-14 图

附　录

习题答案

第一章　静力学基本概念与物体的受力分析

1-3　$\boldsymbol{M}_0 = 40\boldsymbol{i} - 14\boldsymbol{j} + 30\boldsymbol{k}$ N·m 。

第二章　汇交力系与力偶系

2-2　$R = 280.1$ N,与 $\boldsymbol{F}_1$ 成 160°57′。

2-3　$R = 290.6$ N,与 x、y、z 轴的夹角分别为 121°54′,42°08′,105°40′。

2-4　$F_3 = 9.258$ kN,$(\boldsymbol{F}_3, \boldsymbol{F}_1) = 149°47'$。

2-5　(a) $N_{AB} = 6.828$ kN(拉),$N_{AC} = 7.328$ kN(压);

(b) $N_{AB} = 0.4142$ kN(压),$N_{AC} = 3.146$ kN(压);

(c) $N_{AB} = 0.4824$ kN(拉),$N_{AC} = 3.664$ kN(拉);

2-6　$N_{AB} = 581.5$ N(压),$N_{AC} = 169.1$ N(压)。

2-7　$F = 3.464$ kN。

2-8　$F_2 = 24.75$ kN。

2-9　$\vartheta = \arctan(G\cot\alpha / P)$,$T = \sqrt{P^2\sin^2\alpha + G^2\cos^2\alpha}$。

2-10　(a) $N_{OA} = 6.250$ kN(压),$N_{OB} = 2.250$ kN(拉),$N_{OC} = 3.000$ kN(拉);

(b) $N_{OA} = 3.750$ kN(压),$N_{OB} = 3.366$ kN(拉),$N_{OC} = 3.366$ kN(拉);

(c) $N_{OA} = 3.571$ kN(压),$N_{OB} = 1.675$ kN(拉),$N_{OC} = 1.675$ kN(拉)。

2-11　$N_{AB} = 3P$(压),$N_{AC} = N_{AD} = 2.236P$(拉)。

2-12　$N_{DB} = N_{DA} = 31.547$ kN(压),$N_{DC} = 1.547$ kN(压)。

2-13　$N_{DB} = N_{DA} = 26.39$ kN(压),$N_{DC} = 33.46$ kN(拉)。

2-14 $N_{AB}=A_{AC}=55.80$ kN(压),$T=77.46$ kN(拉)。

2-15 $N_1=N_2=6.25$ kN(压),$N_3=12.5$ kN(拉),$N_4=10.0$ kN(拉),
$N_5=N_6=7.071$ kN(压),$N_7=7.5$ kN(拉)。

2-16 $M=60$ N·m,$N_A=N_B=300$ N。

2-18 (2) $\boldsymbol{M}_{EC}=-50\boldsymbol{i}+50\boldsymbol{j}$ N·m;
(3) $\boldsymbol{M}=100\boldsymbol{i}+200\boldsymbol{j}+200\boldsymbol{k}$ N·m。

第三章 平面一般力系

3-1 (1) $\boldsymbol{F}'_R=20(\boldsymbol{i}-\boldsymbol{j})$N,$M_O=-1.0$ N·m;
(2) $R'_R=28.28$ N,$(\boldsymbol{F}'_R,\boldsymbol{i})=45°$,$(\boldsymbol{F}'_R,\boldsymbol{j})=135°$,作用线方程 $x+y-50=0$。

3-2 $\boldsymbol{F}_P=70.71$ N,$(\boldsymbol{F}_R,\boldsymbol{i})=(\boldsymbol{F}_P,\boldsymbol{j})=45°$,作用线方程 $x-y-44=0$。

3-3 (a) $F_{xA}=0.6928$ kN,$F_{yA}=0.300$ kN,$F_B=1.100$ kN;
(b) $F_{xA}=-0.400$ kN,$F_{yA}=1.240$ kN,$F_B=0.260$ kN;
(c) $F_{xA}=1.600$ kN,$F_{yA}=8.000$ kN,$F_B=5.000$ kN;
(d) $F_{xA}=2.117$ kN,$F_{yA}=0.3333$ kN,$F_B=4.234$ kN;
(e) $F_{xA}=0.000$ kN,$F_{yA}=0.7500$ kN,$F_B=0.750$ kN。

3-4 (d) $F_{xA}=0.000$ kN,$F_{yA}=4.000$ kN,$M_A=11.00$ kN·m;
(e) $F_{xA}=0.000$ kN,$F_{yA}=1.500$ kN,$M_A=1.500$ kN·m。

3-5 $N_{BD}=2.901$ kN。

3-6 $F_B=103.5$ N,$F_{xA}=243.8$ N,$F_{xA}=-43.75$ N。

3-7 $F_B=1514$ N,$F_C=1518$ N。

3-8 $T=653.3$ N,$F_{xA}=156.6$ N,$F_{yA}=873.3$ kN。

3-9 $T=48.10$ kN,$F_{xO}=-44.39$ kN,$F_{yO}=68.53$ kN。

3-10 $T=49.49$ kN,$F_{xA}=-24.74$ kN,$F_{yA}=-22.86$ kN。

3-11 $T=1.299P$,$F_A=1.155P$,$F_B=0.7217P$。

3-12 $T_{EB}=5.653F$,$N_{BD}=1.518F$(压),$N_{EA}=6.299F$(拉)。

3-13 $\varphi=\arcsin(\sqrt[3]{b/l})$,$(b\leqslant l)$。

3-14 $\varphi=\arccos[\frac{1}{16r}(l+\sqrt{l^2+128r^2})]$,$\sqrt{\frac{8}{3}}r\leqslant l\leqslant 4r$。

3-15 (1) $\varphi = 2\arccos[\frac{1}{2P}(G \pm \sqrt{(G^2 + 2P^2)})], (P \geqslant 2G)$;

(2) $\varphi_1 = 53°27', \varphi_2 = 248°05'$。

3-16 $F_A = -7.483$ kN, $F_B = 73.48$ kN, $F_D = 38.10$ kN, $F_E = 19.05$ kN。

3-17 $F_A = -4.167$ kN, $F_B = 8.333$ kN, $F_C = 9.167$ kN, $F_D = 35.00$ kN。

3-18 (a) $F_2 = 5.208$ kN;(b) $M_2 = 13.89$ kN·m。

3-19 $F_{xA} = -0.3$ kN, $F_{yA} = -0.2$ kN, $F_{xC} = -1.2$ kN, $F_{yC} = 0.6$ kN。

3-20 以 AB 杆为受力体 $F_{xA} = -P, F_{yA} = 0.25P, F_{xB} = P, F_{yB} = 0.75P$;

以 AD 杆为受力体 $F_{xE} = -P, F_{yE} = -0.5P$。

3-21 $N_B = 2.012$ kN。

3-22 0.602 1 kN(对左杆),1.662 kN(对右杆)。

3-23 $S_1 = -S_4 = 2P, S_2 = -S_6 = -2.24P, S_3 = P, S_5 = 0$。

3-24 $S_1 = -5.33P, S_2 = 2P, S_3 = 1.67P$。

3-25 $S_{CD} = -0.866P$。

3-26 $S_6 = -4.33$ kN, $S_7 = -6.76$ kN, $S_9 = 10.00$ kN, $S_{10} = 14.39$ kN。

第四章 摩 擦

4-1 $Q = \frac{\sin(\alpha + \varphi)}{\cos(\theta - \varphi)}P$;当 $\theta = \varphi$ 时, $Q_{\min} = \sin(\alpha + \varphi)P$。

4-2 (1) 当重物上升时, $T_1 = 26.00$ kN;(2) 当重物下降时, $T_2 = 20.88$ kN。

4-3 $\sin\theta = \frac{3\pi f}{4 + 3\pi f}$。

4-4 $f = 0.224$。

4-5 $s = 0.45l$。

4-6 $\tan\alpha \geqslant \frac{P + 2Q}{2f(P + Q)}$。

4-7 $F_1 = F_2 \geqslant 800$ N。

4-8 $P = 3070$ N。

4-9 $b \leqslant 0.75$ cm。

4-10 $P = 500$ N。

4-11 $M = 300$ N·m。

4-12 $Q_1 = f \cdot P_A$; $Q_2 = f \cdot P_B$。

4-13　(1) $W_{\min} = 455$ N;(2) $F = 289$ N。

4-14　$\tan\alpha = f$。

4-15　(1) $P = \dfrac{\sin\alpha - f\cos\alpha}{\cos\alpha + f\sin\alpha}Q$;(2) $P = \dfrac{\sin\alpha + f\cos\alpha}{\cos\alpha - f\sin\alpha}Q$。

4-16　$Q = 358$ N。

4-17　$\sin\varphi = \sqrt{\dfrac{f \cdot r}{(1+f^2)b}}$。

4-18　$f = \dfrac{1}{2\sqrt{3}}$。

第五章　空间一般力系

5-1　$T_1 = 0.211\,3G, T_2 = 0.366G, T_3 = 0.422\,7G$。

5-2　$F_t = 15.588$ kN, $F_r = 5.647$ kN;

$F_{xA} = -26.34$ kN, $F_{zA} = 2.058$ kN; $F_{xB} = 0.751\,7$ kN, $F_{zB} = 9.589$ kN。

5-3　$F_{t1} = 1\,000$ N, $F_{r1} = 364.0$ N; $F_{r2} = 182.0$ N;

$F_{xA} = 148.0$ N, $F_{zA} = -704.5$ kN; $F_{xB} = -284.0$ N, $F_{zB} = -113.5$ N。

5-4　$F_t = 12.50$ kN, $F_r = 4.550$ kN, $F_A = 7.981$ kN, $F_B = 5.321$ kN。

5-5　$F_1 = 1\,600$ N, $F_2 = 800$ N;

$F_{xA} = 48.25$ N, $F_{zA} = -175.5$ N; $F_{xB} = 2\,807$ N, $F_{zB} = -298.2$ N。

5-6　$F_2 = 4$ kN, $F_2' = 2$ kN;

$F_{xA} = -6$ kN, $F_{zA} = 2.598$ kN; $F_{xB} = 0$, $F_{zB} = 2.598$ kN。

5-7　$F = 0.150$ kN; $F_{xA} = 0$, $F_{yA} = -1.250$ kN, $F_{zA} = 1.00$ kN;

$F_{xB} = 0$, $F_{yB} = -3.750$ kN。

5-8　$S_1 = -S_3 = -S_6 = P, S_2 = -S_4 = -S_5 = -1.414P$。

5-9　$T = 1\,000$ N; $F_{xA} = 0$, $F_{yA} = -750$ N, $F_{zA} = -500$ N; $F_{xB} = 433$ N,

$F_{zB} = 500$ N。

5-10　$S_1 = -50$ N, $S_2 = -S_3 = 40$ N; $F_{xA} = -17.32$ N, $F_{yA} = 0$, $F_{zA} = 50$ N。

5-11　$x_C = -140$ mm, $y_C = 50$ mm。

5-12　(a) $x_C = 0$, $y_C = 153.6$ mm;(b) $x_C = 19.74$ mm, $y_C = 39.74$ mm。

5-13　距离 OC 为:(a) 64.55 mm;(b) 36.78 mm;(c) 204.1 mm。

5-14　(a) $x_C = y_C = 23.30$ mm;(b) $x_C = y_C = 17.52$ mm。